彩图1　不合理间作向日葵

彩图2　不合理间作玉米

彩图3　不合理间作花生

彩图4　合理间作花生

彩图5　不合理间作番薯

彩图6　玉米秸秆粉碎覆盖

彩图7　玉米秸秆整株覆盖

彩图8　麦草覆盖

彩图9　花生壳覆盖

彩图10　黑地膜覆盖

彩图11　园艺地布覆盖

彩图12　反光膜覆盖

彩图13　种植白三叶

彩图14　种植禾本科草

彩图15　自然生草刈割还田

彩图16 红三叶

彩图17 白三叶

彩图18 紫花苜蓿

彩图19　毛叶苕子

彩图20　早熟禾

彩图21　鼠茅草

彩图22　黑麦草

彩图23　二月兰

彩图24　马　唐

彩图25　稗　草

彩图26　牛筋草

彩图27　狗尾草

彩图28　荠　菜　　　　　　　　彩图29　夏至草

彩图30　附地菜

彩图31　苋　菜

彩图32 缺氮幼果

彩图33 缺氮叶片

彩图34 缺磷叶片

彩图35 缺钾叶片

彩图36 缺锌植株

彩图37 缺锌枝条

彩图39　缺铁树苗

彩图38　缺镁叶片

彩图40　缺铁大树

彩图41　缺铁新梢

彩图42　严重缺铁叶片

彩图43　缺锰叶片及果实

彩图44　缺锰叶片及枝条

彩图45　缺硼果实果顶

彩图46　缺硼果实侧面

彩图47　缺硼幼果旱斑病

彩图48　缺钙果实苦痘病

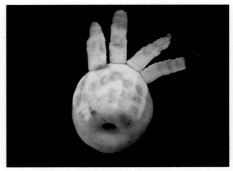

彩图49　苦痘病果肉

彩图50　缺钙果实水心病

彩图51　水心病果实剖面

彩图52　缺铁大树

彩图53　　缺铁枝条

彩图54　缺铁叶片

彩图55　缺镁枝条及叶片

彩图56　缺镁叶片

彩图57　缺锰叶片

彩图58　缺磷枝条

彩图59　全园穴贮肥水

彩图60　穴贮肥水近景

听专家田间讲课系列

苹果
优质高效施肥

PINGGUO YOUZHI GAOXIAO SHIFEI

李　壮　杨晓竹　程存刚　主编

中国农业出版社

编 写 人 员

主　编：李　壮　杨晓竹　程存刚
副主编：李燕青
编　者（按姓氏笔画排序）：
安秀红　厉恩茂　李　壮
李燕青　李　敏　杨晓竹
陈艳辉　程存刚

　　我国是苹果生产第一大国，产量、面积均占世界总量的 50％以上。苹果产业在促进农业增效、农村发展和农民增收方面发挥着举足轻重的作用。2017 年中央 1 号文件提出，将深入推进农业供给侧结构性改革，着力优化农产品产业结构，促进园艺作物增值增效。作为我国第一大果树产业，苹果产业将在我国现代农业中发挥更加重要的作用。然而我国的苹果生产技术仍处于较低水平，尤其是在施肥技术方面，远远落后于世界先进国家。我国苹果园每年消耗掉的化肥总量在 210 万吨以上，利用率为 30％左右，只有发达国家的一半。与此同时由于过量、盲目施肥，导致的土壤退化、果园郁闭、病虫害加重以及生态环境安全等问题日益突出。过量、盲目施肥已经成为我国苹果产业进一步升级发展的主要瓶颈。2015 年农业部制定印发了《到 2020 年化肥使用量零增长行动方案》，提出"力争到 2020 年，主要农作物化肥使用量实现零增长"的目标。为了践行这一目标，并针对目前果树产业发展中在苹果肥料使用上存在的问题，以及广大生产一线工作者对高效施肥技术的迫切要求，我们编写了《苹果优质高效施肥》一书。本书重点介绍了优化、改良土壤技术以及科学施肥技术，共分为5章，涉及肥料选择、土壤管理、营养诊断、施肥技术以及简易水肥一体化技术等，内容丰富实用、文字简练通俗、技术简单易学。

由于作者业务水平有限，书中难免存有不足和错误之处，敬请各位专家、同行斧正。

本书主要读者对象为长期活跃于生产一线的广大果农、技术骨干以及农技推广人员等。

目录
MULU

前言

第一章
苹果园肥料的选择

苹果树生长发育、开花、结果需要不断从土壤中获得各种营养元素，除一部分用于树体生长发育，一部分通过枯枝落叶腐烂还田的方式重新进入土壤外，其余大部分营养通过每年果实采收和枝条修剪带出果园，因此果园土壤中蓄积的矿质营养将逐年减少。施肥是补充土壤养分最直接、最有效的措施。要实现果园科学高效施肥，首先需要选择适合苹果生长发育和结果的优质肥料。下面就苹果生产中优劣肥料甄别和适宜肥料选择做系统介绍。

第一节 果园常用肥料的鉴别

目前，市场上流通的肥料种类繁多、品牌五花八门、质量优劣参差不齐，正确甄别肥料的优劣，对果树生产技术人员和生产一线的果农来说意义重大。首先，对于任何一种肥料，检查包装标识是鉴别肥料真假的第一步，也是非常重要的一步。根据国家有关部门规定，化肥包装袋上必须注明产品名称、养分含量、养分配合式、商标、净重、标准代号、厂名、厂址、联系电话；复混肥料、掺混肥料、有机-无机复混肥料及配方肥料应标明生产许可证号和肥料登记证号；有机肥料、水溶肥料、微生物肥料等新型肥料要标明登记证号。另外，冠以有机-无机复混肥料的，应标明有机质含量；以含氯原料制成的肥料应标明含氯（Cl），若有效磷为枸溶性磷，应标明含有枸溶性磷；微生物肥料应标明有效菌含量；精致有机质肥料应标明总养分含量和有机质含量，不标养分配合式。如果没有上述标志或标志不完整，则可能是假冒或伪劣产品。下面系统介绍不同种类肥料的一般鉴别方法。

一、单质肥料的基本鉴别方法

1. 看外形、辨颜色、闻气味 不同化学肥料具有不同的外观性状，如碳酸氢铵为白色晶体，有明显的氨臭味；尿素、硫酸铵、硝酸铵、氯化铵均为白色粒状结晶体；过磷酸钙为灰白色粉末，有刺激性酸味；钙镁磷肥为灰白色粉末，无异味；磷酸二铵为黄灰或铁灰色颗粒，颗粒大小不均匀，在潮湿环境易挥发，有氨味。

复混（合）肥料、尿素、硝铵、颗粒磷肥等多为人工机械造粒，颗粒大小比较均匀。氮肥、钾肥、微肥多为结晶体，磷肥、有机肥多为粉末状。也有一部分喷浆造粒的优质有机肥，有机-无机复混肥呈颗粒状。

2. 水溶法 许多肥料由于外观相似，简单的外表观察不能完全识别肥料品种，可根据其在水中的溶解情况加以区别。

方法：取少量肥料放在容器中，加清水 3～5 倍充分搅动，静置，观察溶解情况。①全部溶解的为硫酸铵、氯化钾、磷酸二氢钾和铜、锌、锰等单质微肥。②部分溶解、部分沉淀于容器底部的为过磷酸钙、重过磷酸钙、硝酸铵钙、高中低浓度复混肥料等。③不溶解而沉于容器底部的为钙镁磷肥、钢渣磷酸、磷矿粉等。

3. 灼烧法 将肥料样品放在一块小铁板上，用火加热或燃烧，可根据火焰的颜色、熔融情况、烟味、残留物情况进一步识别肥料品种。

方法：取少量化肥样品放在薄铁片、小刀片上或直接放在烧红的木炭上观察结果。①直接分解，发生大量白烟，有强烈的氨味，且无残留物为碳酸氢氨。②直接分解或升华，发生大量白烟，有强烈的氨味和盐酸味，且无残留物为氯化铵。③直接分解，发生大量白烟，有氨味和刺鼻的二氧化硫味，残留物冒黄泡的为硫酸铵。④加热迅速熔化，冒白烟，投入炭火中能燃烧，取一玻璃片接触白烟时，有一层白色结晶出现的为尿素。⑤遇火迅速熔化，不燃烧，冒泡，并出现沸腾状，且有氨味的为硝酸铵。⑥在燃烧的火炭上不燃烧、无变化的为过磷酸钙、钙镁磷肥或磷矿粉。⑦在烧红的木炭上无变化，能发出"噼啪"声的为硫酸钾、氯化钾。

二、市场常见肥料的真假鉴别方法

1. 混配肥的鉴别 混配肥也称复混肥，当前市场上以三（多）元复合肥为名称的绝大多数肥料不是复合肥，而是混配（复混）肥。假冒的混配（复混）肥多为污泥、垃圾、土、煤灰粉等颗粒物，一般不含氮素化肥。区别方法为：

(1) 看外观。含氮素化肥特别是含尿素或硝酸铵较多的混配（复混）肥由于在生产过程中炉温适合，因而颗粒熔融状态好，表面比较光滑；而假混配（复混）肥颗粒表面粗糙，没有光泽，看不见尿素等肥料的残迹。

（2）用火烧。烧灼方法是辨别真假混配（复混）肥和鉴别浓度高低的主要方法。在烧红的木炭或铁板上复混（混配）肥会熔化（氮素越多熔化越快）、冒烟，并发出氨味，颗粒变形变小（浓度越高残留物越少）。当然最准确的方法还是抽样做定量分析。

2. 水溶性肥料

（1）看含量和外观。好的水溶肥选用的是工业级甚至是食品级的原材料，纯度很高，而且不会添加任何填充料，因而含量都是比较高的，100％都是可以被作物吸收利用的营养物质，氮、磷、钾含量一般可达60％，甚至更高。差的水溶肥一般含量低，每少一个含量，成本就会有差异，肥料的价格就会有不同。对液体肥料讲，产品说明中标称含硫酸亚铁的液体肥料应发绿；含黄腐酸的液体肥料应呈棕褐色；含腐殖酸钠钾盐的液体肥料应呈黑褐色。如果已标明分别含有上述各种成分，但与上述各颜色不符的即是假冒品；如果颜色相符，但沉淀过多，则是劣质品。固体叶面肥料主要由尿素、磷酸二氢钾、微量元素等复混配成，可按上述单质肥料、复合肥料等的鉴别方法采用直观其颜色、晶体形状等方法加以识别。

（2）看水溶性。鉴别水溶肥的水溶性只需要把肥料溶解到清水中，看溶液是否清澈透明，如果除了肥料的颜色之外和清水一样，水溶性很好；如果溶液有浑浊甚至有沉淀，水溶性就很差，不能用在滴灌系统中，肥料的浪费也会比较多。

（3）闻味道。好的水溶性肥料都是用高纯度的原材料做出来的，没有任何味道或者有一种非常淡的清香味。而有异味的肥料要么是添加了激素、要么是有害物质太多，这种肥料用起来见效很快，但对作物的抗病能力和持续的产量和品质没有任何好处。

（4）田间试验对比。通过以上几点简易方法对水溶肥进行初步筛选，然后做田间对比，通过实际的应用效果确定那种肥料好，选用什么水溶肥。好的肥料见效不会太快，因为养分有个吸收转化的过程。好的水溶肥用上两三次就会在植株长势、作物品质、作物产量和抗病能力上看出明显的不同出来，用的次数越多区别越大。

3. 腐殖酸肥料 是以富含腐殖酸的泥炭、褐煤、风化煤为主要原料，经过氨化、硝化、盐化等化学处理，或添加氮、磷、钾、微量元素及其他调节剂制成的一类化肥。

（1）看溶解性。将腐殖酸肥料放到水里，观察溶解的速度快慢、能否全部溶解以及有无沉淀物，若都表现良好则质量较好。

（2）分辨颜色。如果是腐殖酸水溶肥料或者粉剂，溶解在水中后，水的颜色会变为褐色发黑状。如果颜色非常黑，则可能是染过色的；如果是腐殖酸肥料颗粒，则可以通过碾碎观察内外颜色，若颜色一致，均为黑褐色，则比较正规，如果不是均匀一致，则有染色嫌疑。另外，目前市场上还出现一种白色腐殖酸肥料颗粒，谎称添加了白色腐殖酸，如果遇到，请不要购买，因为并没有白腐殖酸这种肥料。

（3）腐殖酸是否活化。肥料中的腐殖酸必须经过活化，才会有更好的效果，一些不法商家通过向肥料中添加腐殖酸原粉冒充活化腐殖酸肥料，导致效果差、见效慢，所以购买时一定不能贪图便宜，要认真比对，确定肥料真假。

4. 微生物肥料 包括微生物菌剂、复合微生物肥料和生物有机肥3种，通过微生物的生命活动及代谢产物，改善作物养分供应，为农作物提供营养元素、生长物质。

(1) 产品登记证。具有农业农村部微生物肥料登记证证号（注：省级部门无登记权），正确方法："微生物肥（登记年）临字（编号）号"或"微生物肥（登记年）准字（编号）号"。

(2) 产品技术指标。有效活菌数（CFU）≥0.2亿/克，登记时农业农村部只允许标注≥0.2个亿/克、0.5个亿/克（严格规定，在保存期的最后一天必须要达到这个数值）。农用微生物菌剂菌剂有液体、粉剂和颗粒三种剂型，其中液体和粉剂CFU≥2.0亿/克或毫升，颗粒剂型CFU≥1.0亿/克或毫升，其中复合菌剂每一种有效菌的CFU≥0.01亿/克或毫升，单一的胶质芽孢杆菌粉剂CFU≥1.2亿/g。有机肥物料腐熟剂是农用微生物菌剂的一种，其液体剂型CFU≥1.0亿/克或毫升，粉剂和颗粒CFU≥0.5亿/克或毫升。复合微生物肥料固体剂型CFU≥0.2亿/克或毫升，液体剂型CFU≥0.5亿/克或毫升，含两种以上微生物的复合微生物肥料，每一种有效菌CFU≥0.01亿/克或毫升；生物有机肥CFU≥0.2亿/克或毫升。一些企业为了迎合市场，刻意标成几十个亿，这是不科学的（目前的技术很难达到）、是错误的。

(3) 产品有效期。国家规定大于6个月，但随着生物有机肥产品的保质期延长，有效活菌数会不断下降，把有效期标注太长是不负责任的表现。

(4) 观察肥料效果。加少量水将生物有机肥调成团状，放在冰箱里冻成冰块，第二天拿出来溶化，反复3次，肥料中的菌种将会冻死或大幅度减少；这是用它和将原产品进行比较试验、在相同的田块里观察差异，差异明显为好肥料，差异不明显，表明该产品有问题，建议放弃使用。

5. 包膜控释肥

（1）用手搓。质量较好的包膜颗粒，包膜强度好，用手搓颗粒，包膜不掉色、不脱落；假的包膜肥料或质量差的，由于强度不够，用手搓时容易掉色、包膜脱落。

（2）观察厚度。质量较好的包膜肥料切开后，包膜层厚度均匀，包膜与肥料的分界清晰；假的包膜肥料切开后，包膜层厚度不平整、不均匀。

（3）用水泡。真的包膜肥在清水中浸泡，短时间内颗粒不会溶解，而且水质清澈，无杂质；劣质的包膜肥料放入清水后，短时间内颗粒溶解、水质浑浊、有杂质沉淀在水中，并且包膜易脱落。但由于包膜控释肥的核心是尿素或氮、磷、钾复合肥，所以将剥去外壳的控释肥放在水中，会较快溶解，如去掉外壳仍不溶解，则是劣质肥料或假肥料。

三、其他方法

农田长期使用且有国家或行业标准的产品，如硫酸铵、尿素、硝酸铵、氰氨化钙、磷酸铵（磷酸一铵、二铵）、硝酸磷肥、过磷酸钙、氯化钾、硫酸钾、硝酸钾、氯化铵、碳酸氢铵、钙镁磷肥、磷酸二氢钾、单一微量元素肥、高浓度复合肥等免于登记。在市场上正式出售的其他肥料必须按照我国农业农村部指定的《肥料登记管理办法》（附录1）进行登记，肥料包装也必须按照《NY 1979—2010 肥料登记 标签技术要求》（附录2）严格实施，不符合的国家行业标准的肥料均应慎重购买。

除上述方法外，我们还可以登录农业农村部的网站进行查询（图1-1），查询不到的肥料均可以断定为假冒伪劣产品。

网址为：http：//202.127.42.157/moazzys/feiliao.aspx。

如果购买施用后出现问题的肥料样品，可以去具有检测资质的专业机构进行鉴定检测，走法律途径进行索赔。

农业农村部微生物肥料和食用菌菌种质量监督检验测试中心网址：http：//www.biofertilizer95.cn/task。

图1-1　农业农村部种植业管理司有效肥料登记查询

第二节　农家肥和商品有机肥的选择

一、农家肥和商品有机肥的区别

农家肥又称有机肥，指含有大量生物物质、动植物残体、排泄物、生物废物等物质的缓效肥料，常用的农家肥有人粪尿、厩肥、堆肥、饼肥、沤肥等。有机肥富含有机物质和作物生长所需要的营养物质，不仅能提供作物生长所需养分，改良土壤，还可以提高作物品质，增加产量。近年来，有机肥作为一种环境友好型肥料，越来越受到政府部门、研究单位、企业和生产者的重视。商品有机肥除了具有与农家肥相同的功能（培肥土壤、促进团粒结构的形成）外，在生产工艺、营养含量、生态安全、肥料特性、使用方法等方面，有许多不同之处。

1. 两种肥料的区别重点在于"腐熟"和"无害" 与商品有机肥相比，农家肥存在许多缺陷：①含盐分较多，容易使土壤盐化。②农家肥带有大量的病菌、虫卵、草籽等，容易引发病虫草害。③农家肥养分含量不稳定，不能做到合理补肥。④农家肥内存在含有害物质、重金属物质的风险，仅凭借高温发酵不能去除。

2. 在土壤改良方面，商品有机肥更有优势 这是因为商品有机肥具有洁净性和完熟性两大特点。商品有机肥在制作过程中不仅进行高温杀菌、杀虫，通过微生物完全发酵，并且很好地控制氧气和发酵温度，使有机物质充分分解成为直接形成团粒结构的腐殖质等，同时产生的氨基酸和有益代谢产物得以保留，使用后不会产生对蔬菜有影响的物质。

3. 商品有机肥中的各类养分是可调整的 可以针对不同的土壤状况使用不同养分含量的产品。

二、果园常用农家肥介绍

畜禽粪肥是指猪、牛、马、羊、兔和家禽等的粪便，含有丰富的有机质和各种营养元素（表1-1），是农家肥的重要来源。由于畜禽食物来源不同，其粪肥有"冷热"之分，生产中要区别对待、合理施用。

1. 猪粪 养分含量丰富，钾含量最高，氮、磷含量仅次于羊粪。质地较细密，氨化细菌较多，易分解，肥效快，利于形成腐殖质，改土作用好。猪粪肥性柔和，后劲足，属温性肥料。

适于各种农作物和土壤，腐熟后的猪粪可作基肥使用，也可作追肥使用。

表 1-1　主要畜禽类粪便营养成分含量

粪便种类	有机质（%）	氮含量（%）	磷含量（%）	钾含量（%）	性　　质
干羊粪	24～27	2.317	0.457	1.284	速效，微碱性
鲜羊粪	—	1.104	0.216	0.532	迟效，微碱性
干猪粪	15	2.090	0.817	1.082	速效，微碱性
鲜猪粪	—	0.547	0.245	0.294	速效，微碱性
干鸡粪	25.5	2.137	0.879	1.525	迟效，微碱性
鲜鸡粪	—	1.032	0.413	0.717	迟效，微碱性

引自：乔宪生，司鹏，周剑浩，等，2014. 果园施用有机肥策略［J］. 果农之友（4）：37-39.

2. 牛粪　质地细密，含水量高，通气性差，腐熟缓慢，肥效迟缓，发酵温度低，属冷性肥料。为加速分解，可将鲜牛粪稍加晒干，再加马粪或羊粪混合堆沤，可得疏松优质的肥料。如混入钙镁磷肥或磷矿粉，肥料质量更高。牛粪中碳素含量高、氮素含量低，碳氮比大，施用时要注意配合使用速效氮肥，以防肥料分解时微生物与作物争氮。牛粪一般只作基肥使用。

3. 马粪　纤维含量高，粪质粗，疏松多孔，水分易蒸发，含水量少，腐熟快，在堆积过程中发热量大、温度高，属热性肥料。可用于温床育苗，发热效果比猪粪好。在制作堆肥时，加入适量马粪，可促进堆肥腐熟。由于马粪质地粗，特别适用于黏性土壤，可作为黏性土壤的改良剂。

4. 羊粪　有机质含量在 20% 左右，粪肥中含氮、钙、镁较高。羊粪发热性居于马粪与牛粪之间。羊粪适用于各类土壤和各类作物，增产效果均好，腐熟后可作基肥、追肥和种肥施用。

5. 兔粪 氮、磷含量比较高，钾的含量比较低。兔粪碳氮比值小，易腐熟，施入土中分解比较快，属热性肥料。在缺磷土壤上施用效果更好。

6. 禽粪 养分含量比畜粪还高。家禽粪中又以鸡粪的养分含量最高。鸡粪中粗蛋白较多，有机质含量在 25.5% 左右，通过加工利用可成为较好的绿色有机肥。禽粪分解过程中易产生高温，属热性肥料。禽粪很容易招致地下害虫，且尿酸态氮不能被作物直接吸收利用，须经充分腐熟后才能施用。禽粪最好作追肥施用。

果园农家肥的施用与土质有重要关系，对于土质较好的土壤，所有的农家肥都适合施用。而质地黏重的土壤，以改良土壤品质为主要目标，施用有机质含量高、养分含量相对较低的牛、羊粪和猪粪为宜。沙土漏水、漏肥比较严重，养分流失较快，同样适合施用有机质含量高、养分含量相对较低的牛、羊粪和猪粪等为宜。

三、果园常用商品有机肥介绍

利用畜禽粪便、动植物残体等富含有机质的副产品资源为主要原料，经腐熟发酵后制成的肥料为商品有机肥。它不包括绿肥、农家肥。

按照农业农村部颁布的 NY 525—2012 标准规定，有机肥料中有机质（以干基计，所谓干基就是指除去样品中的水分后剩余的物质）必须在 30% 以上，总养分（$N+P_2O_5+K_2O$）（以干基计）必须在 5% 以上，水分（鲜样）小于 30%，pH 5.5~8.5；重金属限量指标为总砷（以烘干基计，下同）≤15 毫克/千克，总汞≤2毫克/千克，总铅≤50毫克/千克，总镉≤3毫克/千克，总铬≤150毫克/千克。商品有机肥为精制有机肥，使用成本高于传统意义的农家肥，多用于商品价值较高的农产品。商品有机肥的品种很多，而用于制作商品有机肥的原料更多，因此在改良土壤的时候也应选择合适的商品有机肥。目前用于制作商品有机肥的原料主要有：①自然界有机物，如森林枯枝落叶。②农业作物或废弃物，如绿肥、作物秸秆、豆粕、棉粕、食用菌菌渣。③畜禽粪便，如鸡鸭粪、猪粪、牛羊马粪、兔粪等。④工业废弃物，如酒糟、醋糟、木薯渣、糖渣、糠醛渣发酵过滤物质。⑤生活垃圾，如餐厨垃圾等。这些原料经过发酵以及无害化处理以后，生产成商品有机肥，可以用于果园果树生产。

虽然说商品有机肥与粪肥同样能够改良土壤，但使用方法是不一样的。使用商品有机肥时要做好以下几点：

（1）商品有机肥的长效性不能代替化学肥料的速效性，必须根据不同作物和土壤，再配合化学肥料、配方肥等施用，才能取得最佳效果。

（2）商品有机肥施用方法一般以做基（底）肥使用为主，采用条施或辐射沟施。施肥时要注意防止肥料集中施用发生烧苗现象，根据果树的品种、树龄以及负载量实际情况确定商品有机肥的施用量。

（3）商品有机肥在高温季节旱地作物上使用时，一定要注意适当减少施用量，防止发生烧苗现象。

（4）商品有机肥一般呈碱性，在喜酸作物上使用要注意其适应性及施用量，可以结合酸性化肥共同使用。

第三节 果园化学肥料介绍

化学肥料又称矿质肥料或无机肥料，是指通过化学方法合成或某些矿物质经过机械加工而生产的肥料，与有机肥相比，其特点是，养分含量高，肥效快，便于储运和施用，有利于养分协调配合并具有针对性。同时，化学肥料养分单一，持效期短，长期不合理施用，在一定程度上会造成土壤板结、结构性变差、土壤盐渍化等不良后果。

化学肥料种类很多，可根据其所含养分、作用、肥效快慢、对土壤溶液反应的影响等进行分类。按所含养分含量可分为氮肥、磷肥、钾肥和微量元素肥料。其中只含有一种有效养分的肥料称为单元素化肥，同时含有氮、磷、钾三要素中两种或两种以上元素的肥料，称为复合化肥。

一、氮肥

化学氮肥按其特性大致可分为铵态氮肥、硝态氮肥、硝—铵态氮肥、酰胺态氮肥四大类。以铵（NH_4^+）离子形态存在的氮肥称为铵态氮肥，如硫酸铵、碳酸氢铵、氨水等，易溶于水，肥效快，遇碱性物质如草木灰、石灰等易分解挥发，造成氮素损失，并且施入土壤后易被土壤黏粒等吸附、保存。碳酸氢铵适用于各种土壤，可做追肥或基肥。旱地施用必须深施盖土，随施随盖，及时浇水，这是充分发挥碳酸氢铵肥效的重要环节，因为碳酸氢铵在高温和潮湿的空气极易分解；硫酸铵为生理酸性肥料，长期施用会提高土壤酸性，在保护地、果树栽培中忌用此肥，以防土壤盐渍化。以硝酸盐（NO_3^-）形态存在的氮肥为硝态氮肥，如硝酸钙、硝酸钠等，易溶于水，肥效快，施入土壤不易被土壤黏粒等吸附，极易流失，施用后不能灌大水。硝酸铵适用于各种土壤，宜做追肥施用，但应注意少量多次，施后覆土，如果必须做基肥施用，应与有机肥混合施用，避免氮素淋失。尿素态氮肥，大部分氮素要经土壤微生物作用转化为铵态氮肥后才能被果树吸收，氮肥效稍迟。各种化学氮肥的主要理化性状见表1-2。

表1-2　各种化学氮肥的主要理化性状

肥料类型	肥料名称	含氮量（%）	酸碱性	溶解性	主要理化性状
铵态氮肥	硫酸铵	20～21	弱酸性	水溶性	吸湿性弱
	氯化铵	24～25	弱酸性	水溶性	吸湿性弱
	碳酸氢铵	17	弱酸性	水溶性	易潮解、挥发
	氨水	12～17	碱性	碱性	挥发、腐蚀性
硝态氮肥	硝酸铵	34～35	弱碱性	水溶性	吸湿性强、结块
	硝酸铵钙	20	弱碱性	水溶性	吸湿性强、不结块
	硝酸钙	13～15	中性	水溶性	吸湿性强、结块
尿素态氮肥	尿素	42～46	中性	水溶性	有吸湿性、结块

二、磷肥

根据含磷化物的溶解度可分为水溶性、弱酸性和难溶性三类：水溶性磷肥有过磷酸钙等，能溶于水，肥效快。弱酸性磷肥有钙镁磷肥等，施入土壤后，能被土壤中及作物根系分泌的酸溶解而释放，为果树吸收利用，肥效较迟。难溶性磷有磷矿粉、骨粉等，只有较强的酸才可溶解，肥效慢，后效较长。各种化学磷肥的主要理化性状见表1-3。

表 1-3　各种化学磷肥的主要理化性状

肥料类型	肥料名称	含磷量 P_2O_5（%）	酸碱性	溶解性	主要理化性状
水溶性肥	磷酸铵	20～21	酸性	水溶性	不易吸湿结块
	过磷酸钙	16～18	酸性	水溶性	吸湿性、腐蚀性
	重过磷酸钙	40～45	酸性	水溶性	吸湿性、腐蚀性
弱酸性肥	钙镁磷肥酸	14～18	弱碱性	弱酸溶性	吸湿性弱
	钢渣磷肥	15 以上	弱碱性	弱酸性	—

　　磷肥在土壤中移动性小，容易被固定，磷肥中的磷酸盐溶到水中后，如未被作物及时吸收，则有可能被土壤固定。另外，在碱性或石灰性土壤中，磷酸盐易转化为不易被植物根系直接利用的磷酸三钙和磷酸三镁。对于磷肥，应采用集中施、分层施、做基肥深施到根系集中分布层，如果与有机肥混合或堆沤施用，可以减少对水溶性磷的固定，提高磷肥的利用效率。

　　磷酸铵类肥料指的磷酸（包括多磷酸）与氨经中和反应并加工制成的氮、磷复合肥料。这是一类产量最大和最受欢迎的化肥，几乎适用于所有的土壤和作物，有效成分浓度高，不易吸湿结块。过磷酸钙为水溶性速效磷肥，具有吸湿性和腐蚀性，可做追肥施用，但最好用作基肥，并且过磷酸钙为酸性肥料，不宜与碱性肥料混用。

三、钾肥

　　钾肥被称为作物的"品质元素"，对作物生长和品质好坏具有重要影响，其主要有促进酶的活化、促进光合作用、促进蛋白质合成、增强植物的抗逆性以及改善作物产品品质等作用。

各种钾肥的主要理化性状见表 1-4。

表 1-4　各种钾肥的主要理化性状

肥料名称	含钾量（％）	酸碱性	溶解性	物理性状
硫酸钾	48～52	中性	水溶性	——
氯化钾	50～60	中性	水溶性	吸潮结块
草木灰	4～5	弱碱性	水溶性	吸湿

硫酸钾易溶于水，为生理酸性肥料，长期施用会使土壤酸性增加，石灰性土壤则引起板结，不宜长期在保护地果树上运用。可做基肥或追肥，但钾肥在土壤中移动性较小，一般做基肥或早期追肥，采用沟施、穴施深施至有大量根系分布的土层。氯化钾易吸湿结块，施用方法与硫酸钾相近，但不宜在盐泽地和忌氯作物上施用。

草木灰是柴草燃烧后的残渣，成分较为复杂，以钙、磷、钾为主，草木灰为一种速效肥料，养分易溶于水、比重小。施入土壤后，钾可直接被作物吸收或被土壤胶体吸附，施入后不会流失。草木灰一般土壤都适用，但盐碱土不宜使用，可做基肥、追肥，也可用浸出液根外追肥。

四、复合（混）肥料

复（混）合肥料按其含有的有效元素成分，可分为复合肥料和混合肥料。复合肥料是指在成分中同时含有氮、磷、钾三要素或只含其中任何两种元素的化学肥料。它具有养分含量高，副成分少，养分释放均匀，肥效稳而长，便于贮存和施用等优点。但其成分和含量一般是固定不变的，发达国家往往不直接将其施入土壤，而是根据农业需要，作为配置混合肥料的物料。

混合肥料是将几种颗粒状有单一肥料或复合肥料按一定的比例掺混而成的一种复混肥料。混合肥料养分全面、浓度高、增产节本显著，针对性强。它的总养分一般在52％以上，目前市场上销售的国产复混肥有效成分多在25％左右，进口复合肥养分总量多为45％～48％，但进口复合肥养分比例（N：P_2O_5：K_2O＝15：15：15）磷配比例偏高，造成养分较大的浪费。混合肥料养分配比是在考虑作物需肥特点的基础上，参考当地土壤养分供给状况而提出的，既有科学性，又有针对性。混合肥料加工简便，生产成本低，无污染。混合肥料配方灵活，可根据作物营养、土壤肥力和产量水平等条件的不同而灵活改变，弥补了一般通用型复合肥因固定养分配比而容易造成某种养分不足或过剩的缺点。

五、中微量元素肥

我国目前推广或将要应用的微肥有：硼肥、钼肥、锌肥、铜肥、锰肥、铁肥等，其在农作物、林木、牧草上施用均有相互不能代替的作用。针对缺素土壤和敏感植物施用微肥，增产效果十分显著。微肥分类多种多样，归纳起来有按所含营养元素划分的，也有按养分组成划分的，还有几种按化合物类型划分的。

目前推广应用较多的硼肥、钼肥、锌肥等就是按所含营养元素划分的，这是大家极其熟悉的一种分类。就这些元素的离子状态来说，硼和钼常为阴离子，而锌、锰、铜、铁、钴等元素则为阳离子。按养分组成划分大致可分为以下三类：

1. 单质微肥 这类肥料一般只含一种为作物所需要的微量

元素，如硫酸锌、硫酸亚铁即属此类。这类肥料多数易溶于水，施用方便，可作基肥、种肥、追肥。

2. 复合微肥 这一类肥料多在制造肥料时加入一种或多种微量元素而制成，它包括大量元素与微量元素以及微量元素与微量元素之间的复合。例如，磷酸铵锌、磷酸铵锰等。这类肥料一次施用同时补给几种养分，比较省工，但难以做到因地制宜。

3. 混合微肥 这类肥料是在制造或施用时，将各种单质肥料按其需要混合而成，其优点是组成灵活。目前，国外多在配肥站按用户的需求进行混合。

第二章
果园土壤优化与改良技术

　　土壤是果树生长发育的根本，土壤管理技术是果树栽培的重要内容和基础。我国果园有机质含量普遍较低、矿质营养不均衡、缓冲能力差、抵御生物及非生物胁迫能力弱。其主要原因除了果园立地条件所致外，与果园土壤的长期管理制度有重要关系。土壤管理技术不当，将导致果园土壤退化、肥力下降、微生物群落多样性降低、矿质营养失衡等。科学的土壤管理技术，注重用养结合，在生产的过程中不断培肥地力、改善土壤理化性质、优化土壤微生态环境，为果树生长结果创造良好的条件，从而为实现果树高产优质奠定基础。果园土壤管理制度主要包括清耕、间作作物、免耕、果园生草、果园覆盖以及增施有机肥等几种方式。清耕制作为一种传统的土壤管理方式，沿用至今，仍为我国果园普遍采用的方式。由于其费工、费力以及长期应用导致土壤退化等，在果树生产水平先进国家以及国内部分果园已经不再采用。本章主要介绍果园间作、果园生草以及果园覆盖等土壤管理技术，果园有机肥施用技术将在后面的章节中单独介绍。

第一节　果园间作技术

　　我国的种植模式主要是以家庭为单位的小规模种植模式，

经济基础薄弱，土地每年收益情况会对第二年的生产投入和管理产生较大影响。苹果树定植前 3～5 年，经济回报很低或基本没有收入，这给果农带来很大经济压力，往往导致减少对果园投入，影响果园将来的生产潜力。幼龄果园行间空间土地较大，光照充足，如果科学合理的间作套种其他作物，可以充分利用土地空间，在增加幼龄果园的经济效益的同时，还能起到培肥地力、减少果园土壤水分蒸发、控制水土流失等作用。

一、果园间作作物基本要求

应选择适应当地气候条件，生长周期短、植株矮小、与果树空间交错、能改良土壤理化性质、经济价值较高、不会加重果树病虫害的作物。不宜间作高秆作物，如玉米、高粱、向日葵等，以免影响通风透光条件，造成果园郁密，病虫害发生严重等情况，影响果树生长。不宜间作生育期长，尤其是多年生作物，以免影响果树的施肥、耕作管理以及与果园管理发生用工矛盾。不宜间作根系发达，垂直和水平方向分布广泛的作物，特别是直根系、深根性作物，以免与果树根系主要分布区重叠，导致争水、争肥，抑制树体生长（彩图 1 和彩图 2）。

二、果园间作作物的种类

1. 豆科作物 豆科作物植株较果树矮小、根系较浅、需氮量小，又具有固氮根瘤菌，能固定空气中的一部分游离氮，较适宜在果园种植。适于间作的豆科作物主要有花生、大豆、小豆、绿豆、红豆等，其中花生植株矮小，抗旱、耐瘠薄性强，根系分布范围小，且具有固氮作用，被称作是果园间作的先锋作物，在果园间作中普遍应用（彩图3和彩图4）。

2. 蔬菜作物 叶菜类、茄果类、根菜类等都可果园间作，丰产性好，经济价值高。由于蔬菜对土壤条件、肥水条件要求较高，因此间作蔬菜主要选择立地条件较好的果园。但间作晚秋蔬菜，如白菜、萝卜等，容易吸引大青叶蝉到在果园中。蔬菜收获后，大青叶蝉会转移寄主，飞到果树上刺破新梢产卵，在枝条上造成一系列伤口，引起幼树春季失水抽条，因此不宜果园种植。葱、蒜等蔬菜具有挥发性气味，可起到趋避害虫、减少农药使用等特点，特别是果园间作大葱还具有减轻果园再植病发生的作用，是老果园重建的良好间作作物。

3. 瓜类作物 间作瓜类包括西瓜、甜瓜、南瓜等，这些作物经济效益较高，根系分布浅、生长周期短，水肥需求量小，夏末初秋基本采收完毕，利于果树秋季营养积累和越冬，与果树生长节律交错发生，是果园间作的主要效益型的经济作物。

4. 地下结实作物 如马铃薯、洋葱、魔芋、生姜等，这类间作物食用部分能深入土中，栽植管理需要经常深翻土地，有利用果树根系的更新生长和水肥吸收。同时，在间作这些作物时要加大肥水投入，特别是有机肥的投入，可以改良土壤性质的同时，减施与主作物的竞争。需要注意的是，生产中有很多果园间作番薯，这是不科学的。番薯亩*产一般在2 500~3 000千克，高产可达5 000千克，每1 000千克番薯，需要纯N 3.5kg，P_2O_5 1.75kg，K_2O 5.5kg，因此养分需求量大，特别是后期钾肥需求量大，易与苹果争肥，特别是果实成熟期对钾

---

* 亩为非法定计量单位，1亩≈667米^2。——编者注

肥的竞争，因此不宜种植（彩图 5）。

5. 绿肥作物 绿肥是指用作肥料的绿色作物，一般分为商品绿肥作物和自然杂草。商品绿肥主要有三叶草、苜蓿、苕子、紫云英、黑麦草、早熟禾、二月兰、肥田萝卜等作物，一般在秋季的 8～9 月播种，可采用条播和撒播两种方式，但撒播省工省力，抑制杂草效果较好，建议采用。播种量根据籽粒大小而定，一般每亩 2～4 千克为宜，建议每亩不要低于 1.5 千克，因为适当加大播种量可以迅速形成草被，能较快抑制杂草。生长季一般草高到 30 厘米左右刈割，留茬高度约 10 厘米，一般生长季需要刈割 3～4 次。割后的杂草可以原位还田，或者覆盖到树盘上腐烂还田。野生草种一般有马塘、牛筋草、黎、小根蒜、蒲公英、苋菜等，果园以禾本科野生草种为宜，阔叶类杂草通过多次刈割，将逐步淘汰。自然生草不需额外投入，管理粗放，适于在土壤瘠薄的果园发展，一般生长季需要刈割 3～4 次。

6. 药用植物 药用植物，如白术、白菊、甘草、沙参、山药、丹参、党参、地黄等，植株矮小、根系分布浅、地面覆盖度小、不攀爬，对立地条件要求不高，水肥需求量小，有些药用植物有驱避害虫的作用，减少果树病虫害的发生，而且药材的经济效益高，管理较粗放，因此非常适宜果园间作。果树定植的前 3 年，行间空旷、光照条件好，可种植喜光的药用植物，例如金银花、板蓝根、桔梗、丹参、百合、西红花等；定植 3 年以后果园，可选择套种黄连、西红花、党参、秦艽等中药材。

三、作物间作方式

平地果园间作时，要给果树留清耕带，一般一年生果树留 1

米左右清耕带，作物播种宽度 2～3 米；2～3 年生果树留 1.5～2 米清耕带，作物播种宽度 1.5～2 米。山地果园间作，果树一般栽在土层厚的梯田边缘，梯田面上间作作物。同一果园最好采用不同作物换茬轮作，以免造成果园矿质营养失衡以及有害物质积累。轮作制度因地而异，例如，辽宁可采用，花生→谷子→豆类→马铃薯→花生或绿肥的轮作方式。

第二节　果园覆盖技术

果园覆盖可提高土壤理化性质，增加土壤水肥保持能力、抑制杂草生长、稳定根区温度、增加果实产量和品质，据报道果园覆盖有机物，可使单果重增加 20% 以上，一级果率提高 4 倍以上，树冠下部覆盖反光膜可提高果实着色面积 20% 以上，显著增加果园经济效益。目前生产上主要有，有机物物料覆盖、地膜覆盖和园艺地布覆盖等方式。

一、有机物覆盖

果园覆盖有机物资源丰富，种类繁多，除果园刈割下的草外，还有各种作物秸秆、树叶、松枝、糠壳、锯屑以及食品工业废料等（彩图 6 至彩图 9）。

1. 优缺点

（1）优点。

①扩大根层分布范围。覆盖后，将表层土壤水、肥、气、热和微生物五大肥力因素不稳定状态变成最适态，诱导根系上浮，可以充分利用肥沃、透气的表层养分和水分。

②保土蓄水、减少蒸发和径流。覆盖后土壤含水量明显增加，除特大暴雨外，雨季不会产生径流。

③稳定地温。覆盖层对表土层具有隔光热和保温、保墒作用，缩小了表层土壤温度的昼夜和季节变幅，从而避免白天阳光暴晒让土表过热、灼伤根系（35℃以上），同时，也减缓了夜间地面散热降温过程，让地表变化不大。另外，覆盖区早春土温上升慢，推迟几天物候期，有助于躲过晚霜危害。

④提高土壤肥力。连年覆盖有机物可增加土壤有机质含量，例如亩覆草 1 000～1 500 千克，相当于增施 2 500～3 000 千克优质圈肥。若连年覆草 3～4 年，可增加活土层 10～15 厘米。覆盖物下 0～40 厘米土层内，有机质含量达 2.67%，比对照园相对提高 61.1%。试验研究发现，覆草果园氮、磷、钾含量比对照区分别增加 54.7%、27.7%和 28.9%。

⑤省工省力。除草免耕，大大降低了繁重的除草劳动量或喷施除草剂存在的环境风险，每亩可减少除草用工 7～8 个，节省投入 700～800 元。

⑥有利于土壤动物和微生物活动。覆盖园土壤水、肥、气、热适宜稳定，腐烂的覆盖物变为腐殖质，为土壤中动物和微生物提供了食物和良好环境。

⑦防止土壤泛盐。覆盖后，地面蒸发水分少，因而减少了可溶性盐分的上升和凝聚，盐害减轻。

⑧减轻落果摔伤。在果实摘袋、摘叶或采收过程中，大约碰掉即将成熟的果实，几乎占全树产量的 10%～15%，地面上有覆盖层，一般不会摔伤或轻微摔伤。

⑨减轻某些病虫害。据山东省 3 万多处覆盖果园的调查，

果树食心虫、蝉等害虫大为减少。原因是果树食心虫幼虫生活的土温、湿度和光照等环境发生了根本改变。

（2）缺点。

①覆盖后土壤表层吸收根大增，对丰产、优质十分重要，但覆草不能间断，否则，表层根会受到严重损害。切忌春夏覆草，秋冬揭草。冬春也不要刨树盘。

②覆盖后地表暂时缺氮，需增施氮肥。

③覆盖后果园的鼠害和晚霜也略有增加趋势。有霜冻地区，早春应扒开树盘覆盖秸秆，温度回升复原。

④覆盖后，不少病虫害栖息覆草中过冬，增加了虫害发生危险。

2. 覆盖方法

（1）覆盖宽度。幼树果园以及矮化砧成龄果园在果树两侧覆盖宽度为 0.5～1 米，行间采用生草制。乔化成龄果园，行间光照条件较差、根系遍布全园，可采用全园覆盖制度。

（2）有机物覆盖厚度。秸秆除提供有机质外，其厚度大小决定了杂草的抑制效果，厚度太薄不能有效抑制杂草，起不到保温、保墒作用。建议覆盖厚度为：不易腐烂的花生壳 15 厘米左右，玉米秸秆覆盖厚度在 20 厘米左右，稻草、麦草以及绿肥作物等要容易腐烂，适当增加厚度，在 25 厘米以上。一般每亩地每年秸秆用量在 1 000～1 500 千克。

（3）秸秆的处理。花生壳、稻草、麦草、树叶、松枝、糠壳、锯屑等物料，可直接覆盖树盘，如果为坡地，稻草和麦草要覆盖的方向与行向平行，以便阻截降水、防止地表径流等。玉米秸秆一般要好铡成 5～10 厘米的小段，然后覆盖。主干周围留下 30 厘米左右空隙不要覆盖，防止产生烂根病。秸秆覆盖后撒少量土压实，防止火灾发生。

（4）覆盖时期。一般在春季 5 月上旬以后，地温回升，果树根系活动时开始覆盖。第二年春季如果覆盖厚度较大，可扒开覆盖物，加快地温回升速度，防止幼树抽条。到地温回升后，恢复覆盖物并添加到适当厚度。

（5）旋耕处理。为了增加下层土壤的有机质含量，在新一轮覆盖工作开始前，可用小型旋耕机在树盘内距离树干 30 厘米左右旋耕，旋耕深度 20 厘米左右。这样可以把处于半腐烂状态的有机物料与土壤充分混合，既提高了与土壤微生物接触机会、加快腐烂速度，又增加了下层土壤有机质含量。

（6）调节碳氮比。为了加快秸秆的腐烂速度，可在雨季向覆盖物上撒施适量尿素，并零星覆盖优质熟土，促进秸秆腐烂还田。

二、地膜覆盖

地膜覆盖主要包括白膜、黑膜、银膜以及园艺地布覆盖等。生产中主要应用黑色地膜来起到抑制杂草和保水的作用（彩图 10 至彩图 12）。

1. 优缺点

（1）优点。

①提高新植幼树成活率。苗木栽后、浇水，覆 1 米^2 地膜，栽植成活率比对照提高 10%～20%，一般可达 90% 以上。

②省水、保墒、省工。定植幼树，立即浇透水，再覆地膜，以后的 1～2 个月中，不再需要浇水，亩节省浇水 300～400 米^2，

省工 4～6 个。

③保温、增温。覆地膜后，地温提高 0～4℃，20～40 厘米土层地温达 19.5～22.6℃，对根系发育适宜稳定。

④防草防虫。地膜可抑制杂草生长并有防治食心虫的效果。

(2) 缺点。

①增加生产成本。幼树栽培每株树下覆 1 米² 黑地膜，或顺行间覆膜，亩投资 20～30 元，如果结果果园铺反光膜，亩投资约 150 元。

②早春覆膜后，萌芽开花提前，易遭晚霜危害。

③大量使用地膜，地膜破损后很难回收，易造成土壤污染。

④覆膜后土壤有机质矿化率高，营养成分降低快，要充分供应有机生物肥。

⑤覆盖地膜后不利于基肥和追肥的施用。

2. 覆膜方法

(1) 地膜的选用。为了抑制杂草、保墒、增加地温，可以选用黑色地膜；为了抑制杂草、同时方便灌溉和利用降水，选用园艺地布；为了提高果实颜色和树体光合效率，选用反光膜。一般果园不选用白色地膜。在覆盖黑膜前，最好增施基肥，特别是有机肥。

(2) 覆膜时间。一般在杂草没有出土的早春进行覆盖，尤其是黑地膜，可适当提前至 4 月中旬，用以提升低温，提早促进根系活动和开花结果。

(3) 覆盖面积。地膜只覆盖树盘，两侧覆盖宽度在 50～75 厘米，树干周围 15 厘米不覆盖地膜，并用土把地膜压实，防止热蒸汽烫伤根茎。如果是采用定植穴新栽果树，也可以每株利用一块 1.5 米² 黑膜覆盖，黑膜的正中央戳一个洞，使树苗穿过，然后覆盖在树盘上，树干四周的黑膜以及黑膜四周用土压实。

（4）铺设反光膜。一般在果实摘袋后进行。铺设反光膜前要注意结合夏季徒长枝的修剪，打开树体光路，使树体透光率达 30％ 以上，才能发挥反光膜的作用。还要注意清理树盘内的树枝、硬草棍、锋利石块等，防止刮破地膜。在树下或行间铺长幅反光膜，两头拉紧，两侧用土或石块压实，防止被风吹跑。采收前，细致清理反光膜上树叶、新梢、石块、灰尘，然后卷起，留作第二年用。

（5）收集。地膜破损或无法应用，可在生长季末，果实收获后，利用多齿耙子，收集果园废弃地膜，防治土壤污染。或者最好选用可自然降解的无污染的地膜，减少劳动量。

第三节　果园生草技术

传统观念认为草树竞争、除草务尽，同时干净整洁的地面也是园主对果树重视和勤劳的象征，因此在我国大部分果农需要花费大量精力铲除果园杂草，果园清耕制一直是果园主要土壤管理方式。果园生草是一种果园土壤管理的先进方式，因其具有省工省力、改良土壤、培肥地力、改善田间小气候、增加果园害虫天敌以及提高果实品质等作用，世界果树生产先进国家普遍应用，近年来，随着我国科研和技术推广部门的努力，这一管理方式也逐步被我国部分地区果农接受，应用范围逐年增加。果园生草主要分为自然生草和人工种草两种模式（彩图 13 至彩图 15）。

一、果园生草技术的优缺点

1. 优点

(1) 保持水土。生草果园能有效减少山地、坡地水土流失，草根密集，死亡根系部分变成有机质，增加土壤团粒结构，提升土壤蓄水保墒能力。

(2) 培肥地力。据统计，生草果园土壤有机质含量每年可增加 0.1%，亩产草量 1 000～1 500 千克，相当于施入 2 500～3 000 千克优质厩肥，而且不需人车搬运和施用。

(3) 省工省力。生草果园不需中耕除草，据统计，连续 4 年生草的果园，可减少除草费用 13% 左右。且生草果园，小雨过后可直接进行施肥、打药等工作，不误农时。

(4) 提高果园害虫天敌数量。生草果园，害虫的天敌有寄居场所，打药时，天敌可躲藏于草丛中，不被杀死。据有关调查，生草园中的中华草蛉、丽小花蝽、微小花蝽、食蚜蝇、瓢虫、食蚜螨等数量明显高于清耕果园增加。

(5) 优化果园微域气候。由于有草覆盖，土层夏季不热，冬季不冷，有利于根系发育。研究表明，生草区比清耕区温度低 5～8℃，有利于果实着色，冬季温度却高 1～3℃，有利于安全越冬。

(6) 增产、提质。国外 22 年生草试验表明，处理前期，生草区与清耕区产量差异不明显，后期可增产 30% 左右，而且生理病害（钙、硼元素）等比例明显降低。

2. 缺点

(1) 草树竞争。草刈割不及时，植株过高，或者果树生长的养分临界期杂草刈割管理不完善，会发生草与树争肥、争水的矛盾。

（2）土壤硬结。 果园应用多年生草种，生长多年后，常因草根密集而造成表层板结，影响土壤透气、透水性，生草7～8年后必须耕翻一次或选用一年生草种。

（3）生草后，也会给部分果树病虫害造成潜伏场所。 有时，会招致兔、鼠危害。

（4）易引起火灾。 生草果园秋季刈割不及时，杂草枯黄期容易引起火灾，应及时刈割并零星压些土，以防火灾。

二、草种的选择

1. 商品草种的选择 果园应选择的适应性强，植株矮小，生长速度快，鲜草量大，覆盖期长，容易繁殖管理的商品草种，现简要介绍果园常用的几种商品草种特性。

（1）红三叶。 豆科草本植物，也称为红车轴草、红荷兰翘（彩图16）。喜温暖湿润气候，最适气温在15～25℃，超过35℃，或低于−15℃都会使红三叶致死，冬季−8℃左右可以越冬。耐旱、耐涝性差，要求降雨量在1 000～2 000毫米。主根较短，侧根、须根发达，根瘤可固氮。红三叶可条播也可撒播，撒播时行距15厘米左右，覆土0.5～1.0厘米，不宜过深。为了形成有竞争力的草被，适当加大播种量，每亩播种1.5千克。

（2）白三叶。 又称白车轴草（彩图17），豆科草本植物。喜温暖湿润气候，适应性广，耐酸、耐瘠薄，但不耐盐碱，不耐旱和长期积水，最适于生长在年降水量800～1 200毫米的地区，抗寒性较好，在积雪厚度达20厘米、积雪时间长达1个月、气温在－15℃的条件下能安全越冬。在中国西南、东南、东北、华中、西南、华南各地均有栽培种。春季和秋季播种均可，建议亩播种量 1.5 千克。可进行条播，条播行距 20～30 厘米，播种深度为 1.0～1.5 厘米。

（3）紫花苜蓿。 又称紫苜蓿、苜蓿，豆科苜蓿属，多年生草本植物（彩图 18）。产草量高，播后 2～5 年的每亩鲜草产量一般在 2 000～4 000 千克，干草产量 500～800 千克。根系发达、适应性广，喜欢温暖、半湿润的气候条件，抗旱、耐寒，对土壤要求不严。成年植株能耐零下 20～30℃低温。在积雪覆盖下，－40℃低温亦不致受冻害。春秋季均可播种，以 8 月中旬至 9 月上旬播种为适宜，播种深度 1.5～2.0 厘米，播种量 1.5 千克以上。

（4）毛叶苕子。 豆科，一年生或两年生草本，主根发达，株高 40 厘米（彩图 19）。在我国江苏、安徽、河南、四川、甘肃等地栽培较多，在东北、华北也有栽培。耐寒性较强，秋季－5℃的霜冻下仍能正常生长。耐旱力也较强，在年雨量不少于 450 毫米地区均可栽培。毛叶苕子春、秋播种均可。春播者在华北、西北以 3 月中旬至 5 月初为宜；秋播者在北京地区以 9 月上旬以前为宜，陕西中部、山西南部也可秋播。亩播种量 3～4 千克，条播行距 30～40 厘米。

（5）早熟禾。 又称小青草、小鸡草、冷草（彩图 20），一年生或冬性禾草，秆直立或倾斜，高 6～30 厘米。喜光，耐阴、耐旱，抗寒性较强，在－20℃低温下能顺利越冬，－9℃下仍保持绿色，适应范围广，全国多省均有种植。春播或秋播均可，为了降低杂草竞争，以秋播最宜，辽宁地区播种时间以 8 月上中旬为宜，寒冷地区可适当提前。每亩用种量 1.5 千克。

（6）鼠茅草。禾本科，一年生草本植物（彩图 21）。茅草根系发达，一般深达 30～60 厘米。自然倒伏匍匐生长，生长季草被厚密，厚度 20～30 厘米，可有效抑制杂草。在山东地区，播种时间以 9 月下旬至 10 月上旬为宜，翌年 3～5 月为旺长期，6 月中、下旬连同根系一并枯死。适宜的播种量是每亩 1～1.5 千克。

（7）黑麦草。禾本科，多年生草本植物（彩图 22）。黑麦草秆高 30～90 厘米，根系发达，但入土不深，须根主要分布于 15 厘米表土层中。喜温、湿气候，降水量 500～1 500 毫米地方均可生长。春季和秋季均可播种，秋季播种生物量高。辽宁省春季春播种在 4 月中旬左右，秋播在 8 月中旬至 9 月初，播种方式条播或散播均可，条播行距 15～30 厘米，播种深度 1.5～2.0 厘米，亩用种量 1.5 千克左右。

（8）二月兰。十字花科，一年生或二年生草本，花蓝紫色（彩图 23）。因农历二月前后开花，故称二月兰。株高 20～70 厘米，根系发达，直根系较长，对土壤光照等条件要求较低，抗旱、耐寒，耐粗放管理。播种时间夏、秋均可，在辽宁地区以 8 月中旬最为适宜，9 月返绿，翌年 7 月种子成熟，植株枯死。亩播种量 1.5～2 千克。

2. 乡土草种的选择 自然生草的草种可选用当地乡土杂草，最好选用耐粗放管理，生物量大，矮秆、浅根，与果树无共同病虫害且有利于果树害虫天敌及微生物活动的杂草，如马唐、狗尾草、空心莲子草和商陆等。马唐与狗尾草抗旱耐涝、管理粗放，产草量大，是新建果园应用的先锋草种。

（1）马唐。禾本科，一年生草本植物（彩图 24），株高 10～

80厘米，直径2~3毫米。马唐是一种生态幅相当宽植物。从温带到热带的气候条件均能适应。喜湿、好肥、嗜光照，对土壤要求不严格，在弱酸、弱碱性的土壤上均能良好地生长。耐粗放管理，一般每个生长季刈割3~4次，每次刈割高度在10厘米左右。

（2）稗草。禾本科，一年生草本植物（彩图25），稗草广泛分布于全国各地，长在稻田里、沼泽、沟渠旁、低洼荒地。株高50~130厘米，须根庞大，茎丛生，光滑无毛。秆直立，基部倾斜或膝曲，光滑无毛，可较在干旱的土地上直立生长，茎亦可分散贴地生长。喜欢湿润多雨的季节，刈割后的再生能力较强，刈割后容易腐烂。

（3）牛筋草。禾本科，一年生草本植物（彩图26）。分布于中国南北各省份，适宜温带和热带地区。株高10~90厘米，秆丛生，基部倾斜，秆叶强韧，全株可作饲料，又为优良保土植物。牛筋草根系极发达，吸收土壤水分和养分的能力很强，对土壤要求不高，立地条件较差的果园也可发展。

（4）狗尾草。禾本科，一年生草本植物（彩图27）。株高30~100厘米，草被覆盖度可达6%~100%。须根，秆直立或基部膝曲，适生能力强，抗旱、耐瘠薄，对土壤没有特殊要求，酸性或碱性土壤均可，常在农田、路边、荒地等地生长，立地条件较差的果园可发展。

（5）荠菜。十字花科，一年或两年是植物（彩图28）。又叫护生草、稻根子草、地菜、小鸡草等，生长范围广，分布在我国各省，漫生于路旁、沟边或田野。荠菜植株高15~30厘米，根系较浅，须根不发达。荠菜为耐寒性植物，适宜于冷凉和湿润的气候，需要充足的水分，最适宜的土壤湿度为 30％～50％，对土壤要求不严格，一般在土质疏松、排水良好的土地中可以发展。

(6) 夏至草。唇形科，多年生草本植物（彩图 29）。茎高 15～35 厘米，四棱形，披散于地面，具圆锥形的主根。生于路旁、野地、果园中。夏至草萌发及生物量形成早，花期 3～4 月，果期 5～6 月，可弥补禾本科为主果园的前期杂草生物量较小的缺点。但由于夏至草成熟期茎秆坚硬，因此，要及时刈割，在禾本科草萌发后，及时旋耕、翻压，以免影响后续草种的生长。

(7) 附地菜。紫草科，一年生草本植物（彩图 30）。株高 5～30 厘米，地面盖度可达 12％～53％。萌发生长较早，在辽宁地区 4 月上中旬开展萌发，5～6 月生物量大量形成，6 月末至 7 月初籽粒成熟，植株逐渐枯萎。茎丛生，一般生长较密集，基部的分枝较多，铺散于地面上，在土壤、光照较好的果园，容易形成绿色的草毯。由于植株矮小，不需要刈割，且生物量形成较早，是果园禾本科杂草搭配的适宜草种。在我国西藏、内蒙古、新疆、江西、福建、云南、东北、甘肃等地广泛分布。

(8) 苋菜。苋科，一年生草本植物（彩图 31）。株高 80～100 厘米，有分枝，苋菜根较发达，分布深广。植株生长季长，从春季 5 月中下旬萌发，6～7 月大量生产长，8 月中下旬开花，直到 11 月后种子成熟枯萎。由于成熟后茎秆坚硬，因此，建议在 7 月茎秆成熟前，全园旋耕、翻压，为后期杂草的生长创造条件。苋菜喜温暖，较耐热，生长适温 23～27℃，20℃以下生长缓慢，喜欢湿润土壤，但不耐涝，适应性强，全国范围内均有分布。

三、生草模式

果园生草可分为全园生草和行间生草。

1. 全园生草　即将树盘和行间全园地面全部种草或自然生草，定期刈割。一般盛果期乔化苹果树，由于根系分布深广，草树竞争较小，可采用全园生草模式，草种易选择根系分布较浅的三叶草、毛叶苕子、附地菜以及禾本科浅根系杂草，深根系阔叶杂草可以通过多次刈割加以控制。另外，在全园生草模式中，可以通过草树根系土壤空间及养分竞争，迫使果树根系向深土层生长，提高树体吸收深层土壤水分、养分的能力。

2. 行间生草　将树干周围 50 厘米树盘进行清耕，行间地面生草或种草，或在果园行间进行带状生草，树行 100 厘米左右进行带状清耕的一种模式。一般幼树或矮化砧树由于根系分布浅而集中，因而采用这种方式。行间生草模式一般可适当选用深根系杂草，一方面通过根系生长、凋零可实现培肥地力，优化土壤结构，另一方面通过草根与树根的竞争作用，迫使果树根系在行内集中分布，一定程度上起到限根栽培的目的，可促进果树早果丰产，也便于根区的水肥集中管理。

四、刈割管理

果园草种刈割留茬高度一般为 10 厘米左右，但为了确保果园草被的连续性，需要根据草种生长点高度来确定刈割留茬高度。不同的草种留茬高度存在差异，豆科类杂草刈割高度要在茎的 1～2 节以上，禾本科杂草刈割要在心叶以上，不能伤及生长点。草高 30～50 厘米时开始刈割，一般每年刈割 3～5 次，在多雨年份可根据情况适当增加刈割次数，控制行间的杂草高度不能超过 50 厘米。在新梢旺长期、果实膨大期等果树水分需求临界期，可适当增加刈割次数 1～2 次，减少草树水分、养分竞争。对于一年生自然草种，秋季时不再刈割，可任其开花结子，以确保第二年杂草群体形成。刈割下的杂草可采取原位还田和覆盖树盘还田两种方式，一般全园生草可采用原位还田方式，行间生草可采用草覆盖树盘的方式。

五、秋冬管理

防控大青叶蝉。大青叶蝉是生草果园秋季重点防控的害虫之一。药剂防控时期，辽宁一般在 10 月中旬为适宜。不同地区可以采用田间观察的方式来定具体日期。一般在秋季树上尚未发现或很少发现大青叶蝉成虫，用脚在行间杂草中穿梭时，大青叶蝉四处飞散，此时就是最佳的喷药时期。一般采用全园喷药的方式，推荐喷布 4.5％高效氯氰菊酯乳油 4 000 倍液或 2.5％高效氯氟氰菊酯乳油 2 000 倍液 1～2 次。生草果园易发生野兔、老鼠啃食树皮的危害，因此在树干地面以上 30 厘米左右，可以套上铁丝网或直径 20 厘米以上的 PVC 管。冬季枯草容易引起火灾，入冬前，可在杂草丛生的地面上零星压土，防止火灾发生或者在秋季全园旋耕翻压杂草。

第三章
苹果营养诊断技术

苹果树所含矿质元素多达 60 余种，而树体生长发育的必需营养元素有 17 种，包括氢、氧、碳、氮、磷、钾、硫、钙、镁、铁、锌、锰、铜、硼、氯、钼、镍。碳氢氧主要由空气和水提供，其他营养元素由土壤和施肥补充。目前，引起苹果缺素症的常见营养元素主要有钙、镁、铁、锌、硼等，因此在营养诊断和指导施肥时应重点关注。

苹果生产中，常常出现因矿质元素缺乏、中毒或元素间不平衡导致的生理病害，影响树体生长和果实的产量及品质，尤其是由于元素含量不足引起的缺素病害往往给苹果生产带来巨大损失。因此，病害发生后或发生前，对树体进行营养诊断，通过科学施肥手段进行矫正非常重要。

苹果生产和施肥实践中常用的营养诊断技术主要包括形态学诊断技术、土壤测试、叶分析法和果实营养诊断技术等方法。本部分将详细介绍可以被技术推广者和生产者直接掌握和应用的形态学诊断技术。其他营养诊断方法，需要送样到科研和技术推广部分的专业实验室测定分析，由于其是借助科学化验的手段，获得的是定量的结果，尤其是叶分析和土壤测试结果，对营养诊断和指导施肥上更为科学可靠。果农和农技人员一般不参与化学元素的测定过程，但由于样品的采集和前处理对结果的可靠性具有决定性作用，因此土壤测试、叶分析法和果实营养诊断技术重点介绍样品的采集和保存的标准和方法等。

第一节 苹果树营养状况的形态学 诊断技术

形态学营养诊断技术是通过观察树体外部形态特征，即树体、枝、叶、花、果实等营养缺乏的外观表现，确定树体某些营养元素的盈亏状况的一种营养诊断方法。此方法简单易行，不需要复杂的理论技术和贵重仪器设备，诊断者只需具备一定的生产实践经验，通过系统的学习即可掌握，针对性和实用性强，对一线技术推广人员、技术骨干及果农意义较大。下面简单介绍一下苹果树形态学诊断的一般步骤和典型特征。

一、形态学诊断的一般步骤

1. 正确区分两种类型病害 引起苹果树体及果实异常的病害主要有两类，一类是病原性病害，另一类是生理性病害。病原性病害主要指植物真菌、细菌与病毒等病原物侵染并寄生在植物体内而引起寄主植物发生的一类病害，如腐烂病、斑点落叶病、炭疽病等。真菌病害病部常会出现霉状物。生理性病害由不适宜的物理、化学等非生物环境因素直接或间接作用，而造成树体、果实生理代谢失调所引发的一类植物病害，因不能传染，也称非传染性病害。例如冻害、旱害、寒害、日烧、缺素等都是生理性病害，其中由于矿质元素的缺乏引起的生理性病害最为常见。引发生理性病害的环境因素主要有土壤、气候和环境以及栽培措施不当等。

果树生理性病害与病原性病害发病机理不同,尽管表观上有相似之处,但防治措施大相径庭,因此要正确区分患病果树是哪类病害引起。有时两种病害外观表现上会很相似,可从以下三个方面加以区分:①看病症发生发展的过程。病原性病害具有传染性,因此,病害的发生初期一般具有明显的发病中心,然后迅速向四周扩散,通常成片发生;而生理性病害一般无发病中心,以零散发病为多。②看病症与土壤的关系。病原性病害与土壤类型、特性大多无特殊关系。无论何种土壤类型,如有病原都可发生。生理性病害的出现与土壤类型、特性有明显的关系,不同土壤类型病害发生与否,以及严重程度等有明显差异。③看病症与天气的关系。病原性病害一般在阴天、湿度大的天气多发或重发,植株群体郁蔽时更易发生。生理性病害与地上部空气湿度关系不大,但土壤长期积水或干旱可促发某些缺素症。如植株长期积水可导致生理性缺钾病害,表现为叶片自上而下叶缘焦枯。土壤含水量不稳定,忽高忽低,容易引发生理性缺钙。

2. 牢记各种元素在植物体内的移动性 N、P、K、Mg、Cl、Mo、Ni 等在植物体内容易移动,可以被能多次被利用,当植株缺乏时,这类元素从成熟组织或器官转移到生长点等代谢较旺盛部分,因此缺素症状首先在成熟组织或器官。如展叶过程中缺素,症状首先发生在老叶中;植株开花结实时,这些元素都由营养体(茎、叶)运往花和果实(生殖器官);植物落叶时,这些元素都由叶运往茎干或根部。Ca、Fe、S、Zn、Mn、Cu、B 等在植物体内不易移动,不能再次被利用,这些元素被植物地上部分吸收后，即被固定而难以移动，所以器官越老含量越大，其缺素症状均出现在新发生的幼嫩器官中。正确区分两种元素对于缺素症状的准确区分具有重要作用。

3. 从整体到局部循序渐进找病因 ①全园看。看全园发病的规律、土壤情况、水分情况、地势情况、灌溉水位置来源等。②整株看。从树体上部到下部看发病部位，是新梢还是老叶。一般来说，移动性元素缺乏，老叶先表现，不移动性元素缺乏，最早在新生叶片上。③仔细看特性。要看植物变化后的特征，新梢形态、叶片大小和叶色、果实畸形特征等。例如，氮、磷、钾、镁等元素在体内有较大的移动性，可以从老叶向新叶中转移，因而这类营养元素的缺乏症都发生在植物下部的老熟叶片上。反之，铁、钙、硼、锌、铜等元素在植物体内不易移动，这类元素的缺乏症常首见于新生芽、叶。

4. 牢记不同缺素症状的典型特征 树体内必须矿质元素在植物的生长发育中发挥重要作用，当某型元素缺乏较为严重时，会在植物体不同器官上表现出典型特征症状。初步了解每种矿质元素的生理作用，牢记其典型缺素特征对于准确判断缺素症的致病原因具有决定性作用。以下为苹果生产中常见的元素缺乏引起的症状，需要牢固记忆，并在生产实践中不断验证、积累和总结。

（1）缺氮。在春、夏间，新梢基部的成熟叶片逐渐变黄，并向顶端发展，使新梢嫩叶也变成黄色。新生叶片小，带紫色，叶脉及叶柄呈红色，叶柄与枝条成锐角，易脱落。当年生枝梢短小细弱，呈红褐色。所结果实小而早熟、早落，花芽显著减少（彩图 32 和彩图 33）。

(2) 缺磷。叶色暗绿色或古铜色，近叶缘的叶面上呈现紫褐色斑点或斑块，这种症状从基部叶向顶部叶波及。枝条细弱而且分枝少。叶柄及叶背的叶脉呈紫红色。叶柄与枝条呈锐角。生长季生长较快的新梢叶呈紫红色（彩图34）。

(3) 缺钾。基部叶和中部叶的叶缘失绿呈黄色，常向上卷曲。缺钾较重时，叶缘失绿部分变褐枯焦，严重时整叶枯焦，挂在枝上，不易脱落（彩图35）。

(4) 缺锌。锌是许多酶类的组成成分，在缺锌的情况下，生长素少，植物细胞只不分裂而不能伸长，所以苹果、桃等果树常发生"小叶病"（彩图36和彩图37）。

(5) 缺镁。缺镁时果树不能形成叶绿素，叶变黄而早落。首先在老叶中表现。枝梢基部成熟叶的叶脉间出现淡绿色斑点，并扩展到叶片边缘，后变为褐色，同时叶卷缩易脱落。缺镁叶脉严重失绿的叶片呈现"鱼骨刺"形态。新梢及嫩枝比较细长，易弯曲。果实不能正常成熟，果实小、着色差（彩图38）。

(6) 缺铁。铁对叶绿素的形成起重要作用，果树缺铁时，叶绿素不能形成，幼叶首先失绿，新梢顶端的幼嫩叶变黄绿，叶肉呈淡绿或黄绿色，随病情加重，再变黄白色，叶脉仍为绿色，呈绿色网纹状，全叶白，即发生我们平时常说的黄化现象至黄叶病。严重时，新梢顶端枯死，呈枯梢现象（彩图39至彩图42）。

(7) 缺锰。锰在一定程度上影响叶绿素的形成，在代谢中通过酶的反应保持体内氧化还原电位平衡。缺锰时，果树也常常表现叶脉间失绿（彩图43和彩图44）。

(8) 缺硼。硼能促进苹果树开花结果，促进花粉管萌发，对子房发育也有一定作用，缺硼时常引起输导组织的坏死，使苹果、梨、桃等果树发生缩果病，俗称"猴头果"，同时还发生枯梢及簇叶现象（彩图45至彩图47）。

（9）缺钙。 钙是苹果必需的营养元素，是构成细胞壁的重要成分。缺钙时，细胞不能正常分裂，严重时，生长点坏死，极易发生生理性病害，果肉缩成海绵状，果心呈水渍状，形成苦痘病、木栓化斑点病和水心病等。缺钙的苹果，因细胞间的黏结作用消失，细胞壁和中胶层变软，细胞破裂，不但采收前出现上述缺钙症状，贮藏期也容易出现苦痘病、水心病等症状（彩图48和彩图49）。

5. 缺素症形态学诊断实例分析

（1）缺素症诊断实例（彩图50至彩图58）。

第一步，正确区分两种类型病害。通过田间观测发病传染情况、立地条件、发病部位症状等，确定该病没有规律性的发病中心，无分散发生状况，判断该病不具有传染性，是生理性病害。且该病与干旱、寒冷、日烧等没有明显关系，与果园土壤质地、田间施肥管理等有一定联系，初步判断为缺素症引起的生理性病害。

第二步，牢记各种元素在植物体内的移动性。N、P、K、Mg、Cl、Mo、Ni缺素症状首先在成熟老组织或器官上，Ca、Fe、S、Zn、Mn、Cu、B等缺素症在新发生的幼嫩器官中首先发生。

第三步，从整体到局部循序渐进找病因。首先从全园来看，没有发现明显特征。然后从树体整株来看，病症首先在树冠、枝条的新生部分发生，即缺素症首先出现在幼嫩的叶片器官上。

根据第二步规律，首先发生在新生幼嫩器官上，初步断定为 Ca、Fe、S、Zn、Mn、Cu、B 等引起的缺素症。

第四步，牢记不同缺素症状的典型特征。根据元素缺乏特征，与图中相似症状的有缺氮和缺铁两种，结合第三部的 Ca、Fe、S、Zn、Mn、Cu、B 的范围，可以断定，这个症状属于缺铁引起的黄化病。

（2）缺素症诊断实例。

第一步，正确区分两种类型病害。与上述诊断类似，得出该病没有规律性的发病中心，全园均呈现发病症状，初步判断为生理性病害。

第二步，牢记各种元素在植物体内的移动性。N、P、K、Mg、Cl、Mo、Ni 缺素症状首先在成熟老组织或器官上，Ca、Fe、S、Zn、Mn、Cu、B 等缺素症在新发生的幼嫩器官中首先发生。

第三步，从整体到局部循序渐进找病因。首先从全园来看，没有发现明显发病中心、发病地带等特征。然后从树体整株来看，病症首先在树冠、枝条的下部发生，即缺素症首先出现在老叶上。因此，可以从 N、P、K、Mg、Zn 等元素中寻找缺乏的元素类型。

第四步，牢记不同缺素症状的典型特征。根据元素缺乏特征，与图中相似症状的有缺镁和缺锰两种，结合第三步的 N、P、K、Mg、Cl、Mo、Ni 等元素范围，可以断定，这个症状属于缺镁引起的黄化病。

二、矿质元素的生理作用及表现特征

果树生长发育有 17 种必需营养元素，在果树的生长发育中，每种营养元素都具有特定的生理功能，不能相互代替。缺少某种元素时，生理功能就会失调，生理功能受阻，表现出特有的外部症状，甚至影响果树的生长发育以及开会结实。当树体出现缺素症，只有补充该种元素后才得矫正。了解一些元素的生理功能以及在树种生长发育中表现的特征，对于准确找到病症诱发原因和及时矫正具有重要作用。下面就生产中经常引起缺素症状的元素做简要介绍：

1. 矿质元素的生理作用

（1）氮。氮是影响果树生长的重要元素，是植物细胞蛋白质的主要成分，此外氮还是叶绿素、维生素、核酸、酶和辅酶系统、激素以及植物中许多重要代谢有机化合物的组成成分，因此它是生物物质的基础。不仅影响果树的营养生长，促进果树器官建成，保证树体内代谢过程的正常进行，而且强烈地影响果树的生殖生长。

（2）磷。磷是细胞质、细胞核、酶和辅酶重要成分，在细胞的物质代谢和能量代谢都起着重要作用。磷对碳水化合物的形成、运转、相互转化以及对脂肪、蛋白质的形成起着重要作用。此外，磷能促进根际土壤微生物活动，提高根系生长及吸收能力，促进氮吸收，提高树体氮素营养水平，有利于形成花芽、提高产量。磷还能改善果实品质，增加着色、提高含糖量和增进风味等作用。

（3）钾。与氮含量相近，比含磷量高，与氮、磷不同，不是植物体内有机化合物的成分，主要以无机盐的形势存在。钾对树体的代谢起重要作用，影响氮和碳水化合物的代谢，影响蛋白质、淀粉和油脂的合成。钾是硝酸还原酶的诱导因子，而且是某些酶或辅酶的活化剂。钾能够促进光合作用，提高植物对氮的吸收和利用，可增加植物对干旱、霜冻和病害等恶劣环境的抵抗力，促进果实增大，提高糖酸比。

（4）钙。钙是植物体内重要的必需元素，同时它对植物细胞的结构和生理功能有着十分重要的作用，参与细胞内各种生长发育调控。果实中的钙能维持细胞壁、细胞膜及膜结合蛋白的稳定性，果实中有充足的钙，钙以果胶酸钙的形式在细胞壁结构中起黏合剂的作用，增强细胞壁的械强度，阻止外界水解酶的进入，减少酶与底物的接触，推迟果实衰老。钙也抑制果实中多聚半乳糖醛酸酶活性，减少细胞壁的分解作用，推迟果实软化。

（5）铁。铁是多种氧化酶的组成成分和一些酶的活化剂，缺铁时酶的活性下降，功能紊乱。铁虽然不是叶绿素的成分，但铁是叶绿素合成以及叶绿素功能维持的重要组成成分，缺铁会影响叶绿素的形成。铁参与细胞内的氧化还原作用，而且是光合作用中许多电子传递体的组成成分，缺铁时，植物的代谢活动受到破坏，光合强度下降。此外，铁还参与核酸、蛋白质及糖类的合成作用。缺铁影响果实糖、酸含量以及果实色泽和硬度。

（6）硼。植物体内的硼大体可以分为 3 种形态：游离态（水溶态）、准束缚态（单糖结合态）和束缚态（RGII 结合态），各形态之间可能存在着一种平衡关系。植物体内的硼主要分布在细胞壁上，是细胞里的框架结构成分，对维持壁、细胞膜的稳定具有重要作用。硼对对光合产物的运输、贮藏，激素 IAA 的转运，以及花粉发育、萌发和生殖器官的建成等都起到重要作用。

（7）锌。锌是许多酶类的组成成分，与过氧化氢酶活性以及生长素合成有关，是果树生长发育不可缺少的营养元素，缺锌时，树体内生长素含量降低，细胞吸水少，不能伸长，枝条下部叶片常有斑纹或黄化部分。严重缺锌时过氧化氢酶的活性降低，过氧化氢积累，产生毒害。

（8）镁。镁是叶绿素的主要组成成分，缺镁是不能合成叶绿素。镁对树体生命过程能起调节作用。在磷酸代谢，氮素代谢和碳素代谢中，能活化许多种酶，起到活化剂的作用。镁在维持核糖、核蛋白的结构和决定原生质的物理化学性状方面，都是不可缺少的。对呼吸作用也有间接影响。

（9）锰。锰是叶绿体的组成物质，直接参与光合作用，在叶绿素合成中起催化作用。是许多酶的活化剂，还可以影响激素的水平。锰对酶的活化作用与镁相似，大多数情况下可以互相代替。根中硝酸还原过程不可缺少锰，因而锰影响硝态氮的吸收和同化。

2. 矿质元素的表现特征

（1）氮。氮素营养过多可使果树徒长、大量消耗有机营养，使果树花芽分化不良，同时树体多冻害果实品质下降，也易发生果实病。氮素不足，首先表现叶色，老叶加速衰老变黄脱落。氮素是可移动营养元素，症状首先发生在老器官上。在春、夏间，新梢基部的成熟叶片逐渐变黄，并向顶端发展，使新梢嫩叶也变成黄色。新生叶片小，带紫色，叶脉及叶柄呈红色，叶柄与枝条成锐角，易脱落。当年生枝梢短小细弱，呈红褐色。所结果实小而早熟、早落，花芽显著减少。调节果树体内氮素水平不仅是保证果树健壮生长和培养良好树型的重要内容，而且也是促花保果、实现优质稳产的重要措施。据测定，正常生长发育的苹果树，叶片中氮的含量在 2.5％～3.0％。

(2) 磷。果树缺磷时，新梢和叶生长减弱，叶子呈现紫色或红色斑块，花芽形成少，果实小。苹果幼苗对磷的反应比较敏感，缺磷时，生长显著受到抑制。苹果结果树缺磷时，除上述一般症状外，叶子小而薄呈暗绿色，叶柄及叶下表面的叶脉呈紫红色，树皮有时出现类似锰过多的粗皮症状。磷在树体内可重新分布，轻度缺磷时，可从老叶转移到幼嫩组织。所以老叶首先出现缺磷症状。正常生长的苹果树，叶片磷含量一般在 0.12％～0.25％。

(3) 钾。由于钾是植物体内最容易移动的元素，在树体内的再分配能力强，缺钾首先表现在老叶上，特别是短果枝上的叶片容易发生。缺钾时基部叶和中部叶的叶缘失绿，呈黄色，常向上卷曲。缺钾较重时，叶缘失绿部分变褐枯焦，严重时整叶枯焦，挂在枝上，不易脱落。缺钾严重时，果实小、果皮厚，不易着色，果实糖度低，风味淡。果实钾缺乏时，通常钙、镁含量增加。正常生长的苹果树，叶片钾含量一般在 0.98％～1.24％。

(4) 钙。苹果缺钙首先反映在根系上。新根过早停止生长，根系短而粗大，在近根尖处生出许多新根。严重时幼根逐渐死亡，在死根附近又长出许多新根，形成粗大且多分枝的根群。新梢生长到 6～30 厘米，就形成顶芽而停止生长。在小枝的嫩叶上发生褪色及坏死斑点，叶尖及叶缘向下卷曲，褪绿部分呈黄色，以后很快变成暗褐色，并形成枯斑。在果实近成熟期和贮藏运输期缺钙，果实易发生苦痘病、水心病。特别由于缺钙引起的苦痘病，在生产中较为常见。从病部切开病果可见果皮下5～10厘米深的果肉出现许多直径2～5厘米的海绵状褐色的斑点,有苦味。病部果肉逐渐干缩,表皮坏死呈现凹陷的褐色病斑。正常生长的苹果树,叶片钙含量一般在1.03%～1.73%。

(5) 铁。苹果叶片缺铁叫黄化病、白叶病、缺铁失绿症、黄叶病。由于铁是不容易移动元素,因此缺铁症状首先发生在树体幼嫩器官上。幼叶首先失绿,新梢顶端的幼嫩叶变黄绿,叶肉呈淡绿或黄绿色,随病情加重,再变黄白色,叶脉仍为绿色,呈绿色网纹状,全叶白,即发生我们平时常说的黄化现象至黄叶病。轻者树势衰退,新梢顶端枯死,呈枯梢现象,重者全株变黄,甚至造成树体死亡。幼叶缺铁首先叶脉间失绿,叶柄基部出现紫色和褐色斑点。严重缺铁时叶子全部变为漂白状。正常生长的苹果树,叶片铁含量在114.53～182.87毫克/千克。

(6) 硼。苹果缺硼,通常首先表现在果实上。一般落花后8周表现缺硼症状,幼果果实发育不良,内部或外部木栓化,形成畸形果,当果实被切开时,会发现软木组织,果实生长停止,成熟时会出现不规则的凹陷,俗称猴头果。硼是不易移动元素,树体缺硼严重时,首先表现在幼嫩组织上。春天萌芽不正常或只发出纤细枝后就随即回枯,在枯死枝条基部抽丛生簇生"莲座叶"。枝条节间变短,叶小、窄、厚、皱缩而脆,用手折叠树叶,很容易折断。花器发育不好,未受精而早落,表现坐果少。叶片变厚而脆,叶脉变红。元帅苹果缺硼,在树干或枝条的树皮上会出现疱疹症状。正常生长的苹果树,叶片硼含量在33～37毫克/千克。

(7) 锌。苹果树缺锌,枝条顶部叶片狭小,或枝条纤细,节间短,叶密集丛生,质厚而脆,即通常说的小叶病。果树从新梢基部向上逐渐落叶，果实小，畸形。正常生长的苹果树，叶片锌含量一般在 22.90～51.78 毫克/千克。

（8）镁。一般在酸性沙土、高度淋溶和阳离子代换量低的土壤、母质含镁量低的石灰性土壤，或酸性土过多施用石灰或钾肥时，土壤常易缺镁。缺镁时果树不能形成叶绿素，叶变黄而早落，新梢及嫩枝比较细长，易弯曲。幼树缺镁，易造成早期落叶。成龄树缺镁，多从新梢基部叶片开始，轻则脉间失绿，重则果实不能正常成熟，果个小、着色差、无香味。正常生长的苹果树，叶片镁含量在 0.32%～0.60%。

（9）锰。果树缺锰时，叶绿体中锰的含量显著下降，结构也发生变化，光合作用明显受到抑制，使叶片失绿或呈花叶。苹果缺锰时，叶脉间失绿，浅绿色，有斑点，从叶缘向中脉发展；严重缺锰时，脉间变褐色并坏死。锰过多时，能抑制三价铁还原成二价铁，降低铁的生理活性，树体表现缺铁失绿症状，还易引发苹果粗皮病。石灰性土壤，通气良好的轻质土壤，以及山坡顶部的土壤，锰的有效性较低，易表现缺锰症状。酸性土壤，黏重土壤，山根土壤，以及易积水的土壤，锰的有效性高，易表现多锰症状。正常生长的苹果树，叶片锰含量在 80.72～202.02 毫克/千克。

3. 几种容易混淆的缺素症的区分

（1）叶片氮、钾、铁缺素症区分。氮、钾、铁缺乏均引进叶片发黄。氮、钾是容易移动元素，从整株看，缺乏时首先发生在幼嫩的新生器官，如新梢、幼叶等部位，缺钾与缺氮叶片表现差异较大，缺钾首先发生在叶缘，并逐步向中央发展，叶片向上卷曲，悬挂于树上不脱落；铁是不易移动元素，缺乏时首先出现在树体下部的老器官中，如树体下部、枝条基部的叶片。

（2）果实硼、钙缺素症的区分。树体缺硼和缺钙均能引起苹果果肉异常褐变，可以通过以下几点区分。

缺硼果实：①褐色组织出现在果核附近。②果实可能发育出裂口。③贮藏期病症不加重。

缺钙果实：①褐变组织在果皮附近。②没有裂口。③贮藏期后发生或常常变得更重。

（3）叶片镁、锰缺素症区分。镁、锰缺乏均表现叶脉间首先失绿，叶脉保持绿色。但镁是容易移动元素，从整株看，缺乏时首先发生在幼嫩的新生器官，如新梢、幼叶等部位；锰是不易移动元素，缺乏时首先出现在树体下部的老器官中，如树体下部、枝条基部的叶片，此外，缺锰严重时，会出现树体新梢节间变短、梢芽顶端枯死的现象。

第二节 苹果树营养状况的叶分析诊断技术

一、叶分析营养诊断技术原理

叶分析技术就是通过化学方法测定目标果园叶片矿质元素的含量，将获得的含量数值与已知标准值（代表该树种正常生长结果时的叶内养分含量）进行比较分析，以叶片矿质元素含量来推测整株树体矿质元素盈、亏状况，为树体的施肥管理提供参考。目前，叶分析技术在欧美等苹果生产先进国家施肥管理中心普遍应用，并发挥重要作用。美国、意大利等发达国家已经建立比较成熟的营养诊断技术体系，大型农场一般每年都进行 1 次叶分析，来指导施肥，效果显著。

二、叶分析一般步骤

叶分析一般分为样品叶片采集、样品的前处理、营养矿质元素的测定、样品叶营养含量与标准值的对比分析以及指导施肥等。营养诊断的前提是确定叶片矿质元素含量标准值。标准值的确定是大量正常生长、正常结果果树的叶内矿质元素含量的统计结果。目前国内外不同产区根据自身特点建立了适合当地的苹果叶片标准值，见表 3-1 和表 3-2。

三、叶样的采集保存方法

在我国，由于测定分析工作较为复杂，需要昂贵的仪器设备和复杂分析方法，因此一般由专门的果树科研部门或实验室开展，具体方法本书不详细介绍。叶片的采集可以在专业人员的指导下由生产一线的园主操作，因此下面系统介绍叶片采集的一般方法，确保生长者为测定分析提供可靠的叶样品。

1. 选园　一般选择盛果期果园，由一户或一人管理的果园或田间管理相同的果园作为一个样本，尽量保证土壤、品种、树龄、产量以及长势基本一致，不要把不同砧木、不同树龄或不同处理的叶样混在一起。

2. 定树　取样植株尽量均匀分布于园内，勿选过强过弱的树。果园内一般采取"S"形取样或十字交叉 5 点取样法，每个点 3～5 株，采集 50～100 片，作为一个重复。一个样本果园需要 3～5 个重复，共计 15～25 株树。

表3-1 我国部分地区苹果叶片矿质营养含量标准值

产地	叶片矿质元素含量									
	N (%)	P (%)	K (%)	Ca (%)	Mg (%)	Fe (毫克/千克)	Mn (毫克/千克)	Cu (毫克/千克)	Zn (毫克/千克)	
陕西	2.3~2.5	0.14~0.17	0.7~1.0	1.7~2.3	0.37~0.43	120~150	52~80	20~50	24~45	
山东	2.7~3.2	0.11~0.25	0.6~0.9	0.9~1.4	0.19~0.27	217~353	121~351	—	24~45	
河南西部	1.9~2.5	0.21~0.27	0.8~1.1	—	—	89~119	27~39	2.9~3.8	24~35	
河北	2.2~2.9	0.09~0.13	0.8~1.1	1.3~1.6	0.11~0.12	87~111	65~80	15~22	8.4~9.8	
辽宁	2.50~2.84	0.18~0.24	0.98~1.24	1.03~1.73	0.32~0.60	115~183	80~202	5.5~20.0	22.9~51.8	

注:"—"表示还没有该地该元素的标准值。

表 3-2　部分国家苹果叶片矿质营养含量标准值

国家	叶片矿质元素含量								
	N (%)	P (%)	K (%)	Ca (%)	Mg (%)	Fe (毫克/千克)	Mn (毫克/千克)	Cu (毫克/千克)	Zn (毫克/千克)
中国	2.0~2.6	0.15~0.23	1.0~2.0	1.0~2.2	0.22~0.43	110~290	25~150	5~20	15~80
日本	3.4~3.6	0.17~0.19	1.3~1.5	0.8~1.3	0.27~0.40	—	50~200	10~30	30~50
意大利	2.0~2.6	0.16~0.24	1.3~1.9	1.4~2.0	0.24~0.36	100~300	—	5~20	25~50
美国	1.8~3.0	0.15~0.40	1.3~2.5	1.5~2.0	0.24~0.40	40~150	>8	>1	>15
加拿大	2.0~2.7	0.15~0.30	1.4~2.2	0.8~1.5	0.25~0.40	25~200	20~200	—	15~100
澳大利亚	2.0~2.4	0.15~0.20	1.2~1.5	1.1~2.0	0.21~0.25	>100	50~100	6~20	20~50
新西兰	2.0~2.5	0.15~0.20	1.0~1.4	—	—	90~150	30~90	6~20	20~50
法国	2.3~2.5	0.16~0.18	1.8~2.0	—	—	60~240	50~120	5~12	9~53

注："—"表示还没有该地该元素的标准值。

3. 采叶时期 苹果树一般长梢停止生长的 7 月中旬至 8 月中旬期间采集，尽量避开打药、喷肥时期，如果处于病虫害防控时期，至少在打药后一周采样。

4. 采叶方法 从树冠外围 1.5～1.7 米高度，选取新梢（长梢）中部无病虫害及机械损伤的健康叶片（已明显表现缺素症状的叶片，不能反映正常生理代谢水平），带叶柄向枝条基部方向掰下。每个梢采集 1～2 片叶，全树采集 10 片，5 株树共采 50 片叶，为一组叶样，放入自封袋内或信封内封好。

5. 田间基本情况记载 每个叶样要注明果园位置、地块面积、采样时间、采集人姓名、树种、砧木、品种、树龄、产量、取样株位置、株行号、样本号以及打药、施肥、灌水等相关管理技术实施简况。

6. 叶片的采集与运输 编好号的鲜叶样，可集中放置在保温箱内，保温箱在箱底和样品的上部放置冰袋保温，以保证运输途中不至于损伤叶片。

7. 叶片的清洗和烘干 洗涤顺序是：自来水→自来水＋洗涤剂→自来水→0.2％HCl 溶于蒸馏水→蒸馏水→蒸馏水。清洗叶片时不得揉搓叶子，时间不超过 2 分钟，以尽量较少养分损失。洗后的叶片连同编号标签放在托盘内，控去水分。

8. 烘干、收藏 把烘箱温度调整到 105℃，将叶样放在纸信封内放入烘箱，20 分钟杀青后，在 60℃条件下烘干，干样如不立即研磨，应收贮于塑料袋内以防污染。

9. 干叶的粉碎与保存 干叶置于不锈钢磨或玛瑙球磨机中粉碎，细度在 60 目左右，样品存放在塑料瓶或塑料自封袋中。

第三节　土壤测试分析技术

一、果园土壤矿质元素含量高低标准

与一年生作物的根系相比，苹果根系密度稀疏，采集土样时难以获得有代表性的根区土壤，而且多年生作物存在地上、地下器官中矿质营养的回流和贮藏的循环利用问题。因此难以建立苹果园土壤的标准值，来指导果园施肥。但土壤测试也是苹果营养分析与指导施肥的一项重要工作，尤其是在果园建立之前，是唯一的可以了解果园土壤肥料状况的方法。表 3-3 是果园土壤营养含量的一般标准，在建园前可以根据这个标准进行土壤改良。

二、土样采集

与叶分析相同，土壤矿质营养的测定需要专业设备和人员，本书不详细介绍，但对果园土壤样品的采集方法向读者做详细介绍。

1. 取样时期　采土样时间宜在春季萌芽前（5 月之前）或秋季落叶时（9 月底以后）土壤养分相对稳定期间进行，尽量避开施肥时期，建议秋季采集土壤测定，这样可以指导第二年的施肥管理。每年或者 2～3 年采集 1 次。

2. 取样工具　用专业土钻取土，或用铁锨。用铁锨是要先挖一个垂直剖面，然后用铁锨在剖面上均匀挖一个土块，用小土铲在铁锨上修出一个矩形土样，确保不同土壤深度土壤取样量相近。

表3-3 果园土壤有机质及养分含量高低的判断标准

项目	单位	低	中	高	化验方法	适用土壤性状
有机质	%	<1	1~2	>2	油浴加热重铬酸钾氧化容量法	普适
全氮 N	克/千克	<0.6	0.6~1.0	>1.0	凯氏蒸馏法	普适
速效氮 N	毫克/千克	<75	75~110	>110	碱解扩散法	普适
有效磷 P	毫克/千克	<20	20~50	>50	碳酸氢钠提取钼锑抗比色法	中性、石灰性
有效磷 P	毫克/千克	<20	20~50	>50	盐酸氟化铵提取钼锑抗比色法	酸性
速效钾 K	毫克/千克	<80	80~150	>150	乙酸铵提取火焰光度法	普适
交换钙	毫克/千克	<400	400~600	>600	乙酸铵交换原子吸收分光光度法	中性、酸性、沙壤
交换镁	毫克/千克	<50	50~250	>250	乙酸铵交换原子吸收分光光度法	中性、酸性、沙壤
有效硫	毫克/千克	<20	20~50	>50	磷酸盐-乙酸溶液提取硫酸钡比浊法	普适
有效硼	毫克/千克	<0.5	0.5~1.5	>1.5	沸水提取姜黄素比色法	普适
有效铜	毫克/千克	<0.2	0.2~1.8	>1.8	DTPA提取原子吸收分光光度法	中性、碱性
有效铜	毫克/千克	<2	2~4	>4	盐酸溶液提取原子吸收分光光度法	酸性
有效锌	毫克/千克	<1.0	1.0~2.0	>2.0	DTPA提取原子吸收分光光度法	中性、碱性
有效锌	毫克/千克	<1.5	1.5~3.0	>3.0	盐酸溶液提取原子吸收分光光度法	酸性
有效铁	毫克/千克	<5	5~20	>20	DTPA提取原子吸收分光光度法	中性、碱性
有效锰	毫克/千克	<5	5~10	>10	DTPA提取原子吸收分光光度法	中性、碱性
有效钼	毫克/千克	<0.15	0.15~0.2	>0.2	草酸-草酸铵提取极谱法	普适
含盐量	克/千克	<2.0	2.0~4.0	>4.0	土:水=1:5质量法	普适
酸碱度(pH)		酸性<6.5	中性6.5~7.5	碱性>7.5	土:水=1:2.5电位法	普适

3. 取样位置 采土时要避开施肥区域，从树冠外围正投影边缘处取土，生产诊断可取 0～40 厘米深度土层的混合样，科研试验时，可按 0～20 厘米、20～40 厘米、40～60 厘米分别取土，同一层土壤混合。

4. 取样方法 每个样本采取多点取样的方法。根据果园形状，如果果园是不规则的形状，可采用"S"形取样的方法取五点土样，如果近似方形，可采用"X"形五点取样方法。如果果园的土壤情况复杂，可适当增加取样点。每个样点取 2～4 千克土。同一深度混合，捡去石块、细根及其他杂质，用四分法取土，保留 1 千克土壤，放入布袋中，风干。

5. 土样的标记 用铅笔在塑料标签上注明采样时间、地点、果树品种、数量、目的以及采集人等信息，系在布袋绳子上，便于查看。同时布袋内放一个记录信息相同的标签，以防袋外标签丢失。

三、土壤酸碱度的测定

苹果树喜中性土壤，土壤 pH 适合与否对树体生长以及土壤中各种矿质元素吸收产生较大影响。通过土壤测定，可以了解果园土壤 pH。具体方法如下：

1. 改良时期 最好在建园前测定 pH，方便做相应土壤改良措施；已经建立的果园，建议每 3 年测定一次行内的土壤 pH。pH 过低，可以通过撒施石头改良。秋季把石灰撒施在行间草上，或者春季翻耕前施入。由于石灰向土中移动的速度很慢，因此效果可能不能立即显现。

2. 改良的标准 建园前沙土果园的最佳 pH 是 6.5，黏土

pH 是 6.0。如果建园前 pH＞5.6，就不必外加石灰。如果建园前，黏土 pH＜5.1，沙土 pH＜5.6，需要撒施石灰提升土壤 pH，提升土壤 pH 的矿物质见表 3-4。

表 3-4   提升土壤 pH 的矿物质

材料	名称	分子量	中和值
氧化钙	生石灰	56	179
氢氧化钙	熟石灰	72	136
钙镁碳酸盐	白云石	184	109
石灰石	农用石灰岩	100	100
硅酸钙	碱性（炉）渣	116	86

3. 土壤 pH 测定   pH 试纸法和电位法。水土比分为 2.5：1 和 1：1，酸性和近中性的土壤建议采用水土比 2.5：1，碱性土建议采用 1：1。

4. 石灰施入量   根据 pH、石灰种类、土壤质地，每年每亩地 0.5~1 吨农用石灰石，施入后，每年测定 pH。

第四节   果实营养诊断技术

诊断原理与叶分析基本相同，但由于果实营养含量变动幅度很大，而且需要采集样品量大，与叶片相比耗费成本较高，因此果实营养诊断在指导施肥应用中较少。但近年来，果实因中微量元素的缺乏而导致的病害频发，并出现一些通过表观判断不清楚的病害，那么借助果实营养诊断就较为可靠了。果实营养诊断一般采集 25~50 个果实，果实的采集方法可以参考果实品质测定等相关方法。由于有关果实矿质元素含量标准值的参考资料有限，因此一般采用对照分析的方法进行果实营养诊断。即在选取病害果实样品的同时，在采集同一果园的正常果实或邻近果园的，品种和管理水平基本一致果园的正常果实为对照，通过测定对比，分析导致病害的原因。表 3-5 为已有研究得出的苹果果实营养含量的标准值，供参考。

表 3-5　苹果果实矿质营养含量标准值（％）

营养元素	中毒	缺乏	正常
氮	—	<1.5	2.0～2.6
磷	0.37	<0.13	0.15～0.23
钙	—	<0.22	0.22～0.35

第四章
果园施肥技术

果园科学施肥是改善土壤养分供应和获得优质高产果品的重要条件，也是节省肥料资源和减少环境污染的关键技术。

第一节　果树施肥基本理论

一、养分归还学说

植物从土壤中吸收养分，每次收获必从土壤中带走某些养分，使土壤中养分减少。要维持地力和作物产量，就要归还植物带走的养分。有借有还理论。养分归还学说告诉我们为什么要施肥。

二、最小养分律

又叫木桶理论，指植物的产量由含量相对最少的养分所支配。最小养分律告诉我们应该施什么肥。

三、报酬递减律

这是假定其他生产要素相对稳定的条件下，随着施肥量的增加，每单位化肥增加的产量下降。按报酬递减律，过量施肥会造成经济效益下降。报酬递减律告诉我们怎么施肥，即各种矿质元素的平衡施入。

四、因子综合作用定律

产量是作物生长发育诸多因子综合作用的结果，为充分发挥肥料的增产作用，不仅要重视各种养分之间的配合施用，而且施肥措施必须与其他农业技术措施密切结合。

第二节　有机肥施用技术

土壤有机质含量是衡量土壤肥力的重要指标，有机肥不仅能培肥地力，提高土壤有机质含量，还能改良土壤结构，保证均衡长久地供给果树各种营养元素，是实现果树高产、稳产、优质最重要的物质基础。世界上许多果园土壤有机质含量在2.0%～6.0%，日本甚至高达10%以上，而我国一般在0.6%～0.8%，有些甚至更低。与此同时，我国农村以及畜禽饲养场存在大量的作物秸秆以及畜禽粪便，污染环境、占用空间而且影响人们正常的生产生活。因此科学合理地利用这些肥料资源，对于果园培肥地力、节省肥料资源以及改善农村生态环境等都具有重要意义。

一、有机肥种类

有机肥包括农家肥和商品有机肥两大类。

1. 农家肥　其含有大量有机物料，由动植物残体、排泄物、生物废物等积制而成。包括堆肥、沤肥、厩肥、沼气肥、绿肥、作物秸秆肥、泥肥、饼肥等。这类肥料一般含有机质5%～30%，含氮、磷、钾0.1%～2.5%，除此之外，还含有大量的有益生物菌等物质。为保证果实的安全卫生，采收前 3 个月，禁止施用未经腐熟的动植物粪便等有机肥施用于果园。

(1) 堆肥。以各类秸秆、落叶、杂草为主要原料并与人畜粪便和少量泥土混合堆制，经好气微生物分解而成的一类有机肥料。

(2) 沤肥。所用物料与堆肥基本相同，只是在淹水条件下，经微生物厌氧发酵而成一类有机肥料。

(3) 厩肥。以猪、牛、马、羊、鸡、鸭等畜禽的粪尿为主与秸秆等垫料堆积并经微生物作用而成的一类有机肥料。

(4) 沼气肥。在密封的沼气池中，有机物在厌氧条件下经微生物发酵制取沼气后的副产物。主要有沼气水肥和沼气渣肥等组分。

(5) 绿肥。以新鲜植物体就地翻压、异地施用或经沤、堆后而成的肥料。主要分为豆科绿肥和非豆科绿肥两大类。

(6) 作物秸秆肥。以麦秸、稻草、玉米秸、豆秸、油菜秸等直接还田的肥料。

(7) 泥肥。以未经污染的河泥、塘泥、沟泥、港泥、湖泥等经厌氧微生物分解而成的肥料。

(8) 饼肥。以各种含油分较多的种子经压榨去油后的残渣制成的肥料，如菜籽饼、棉籽饼、豆饼、芝麻饼、花生饼、蓖麻饼等。

2. 商品有机肥　商品有机肥料以大量动植物残体、排泄物及其他生物废物为原料，加工制成的商品肥料。商品有机肥料一般都有固定的有机质和氮磷钾等养分含量，并高于农家肥养分含量。商品有机肥料必须通过国家有关部门的登记认证及生产许可，质量指标应达到国家有关标准的要求。包括商品有机肥、腐殖酸类肥、有机复合肥、无机（矿质）肥等。

二、有机肥施肥技术

1. 农家肥的堆肥技术　未发酵的农家肥含量大量的虫卵、草籽、重金属物质以及不易被植物吸收的有机态氮，且未发酵的农家肥土壤中发酵时会产生大量的热量，容易烧伤果树根系，因此畜禽等农家肥在使用前要发酵腐熟。下面简要介绍几种农家肥发酵方法。

(1) 疏松堆积法。将新鲜的畜禽厩肥堆积与场地上，形成 2 米宽，2 米左右高的肥堆，不要压紧，保持肥堆疏松通气，几天后温度可升高到 60～70℃，维持一段时间后，2～3 星期温度可逐渐降到 40℃上下，然后逐步降低达到恒定，肥料即可腐熟。在堆积过程中要检查肥堆温度是否上升，如到不到高温，可能通气或水分不够。这种方法空气流通快，肥料腐熟时间短，但氮素等养分损失较大。

(2) 紧密堆积法。将新鲜的畜禽厩肥堆积与场地上，用铁锹等拍实压紧。肥堆外表覆盖一层园土。一般肥堆宽约 2 米，高 1.5～2 米。这种方法优点是温度低，发热量少，氨气不易挥发，氮素损失较少。但由于紧密压积，通气不良，厌氧发酵会产生很多臭味气体，发酵时间长，一般 5～6 个月才达到腐熟状态。

(3) 疏松紧密交叉堆积法。结合以上两种方法的优点，采用疏松紧密交替堆积的方式，既可缩短腐熟时间，又可减少氮素损失。首先利用疏松堆积法把厩肥堆积约 1 米高，不压紧，以便快速发酵。一般 2～3 天肥堆内温度可达 60～70℃，然后继续堆积新鲜厩肥，这样一层层地堆积，直到高度 2～2.5 米为止。然后借鉴紧密堆积法，用泥土封盖肥堆外表，保持温度，防止养分挥发损失。一般4个月就可完全腐熟。

此外，目前市场上有很多有机肥发酵菌剂等，可以购买并按说明操作。用生物发酵菌剂堆肥，既能缩短有机肥腐熟时间，又能提高腐熟肥料的有益菌群数量，增加果树抗性、提高果实品质。

（4）有机肥腐熟的判断。①测温度，腐熟的有机肥堆，内部温度基本恒定，不再剧烈上升或下降。②看颜色，有机肥中的秸秆由原来的颜色变为褐色、黑褐色或黑色。③闻气味，氨臭味消失，散发出腐殖质的芳香味。④用手摸，腐熟堆肥，植物组织完全失去了原有形态，用手触碰，即变成黑色松软一团。⑤用水泡，取一把有机肥，加清水搅拌，放置几分钟后，浸出液呈淡黄色的为腐熟有机肥。具备以上特征的肥料，基本证明已经完全腐熟。

2. 施肥量　一般要根据果园土壤肥力和目标产量而定，要实现优质高产目标，用量相应增加。一般来说，有机肥的施用量应达到一般亩产2 000千克以上的果园"1斤*果1斤肥"的标准，亩产2 500～4 000千克的丰产园，有机肥的施用量要达到"1斤果1.5斤肥"的标准。根据这个标准，不同产量水平苹果园有机肥施肥量为：亩产量分别为1 000千克、2 000千克、3 000千克及以上的果园，每亩施肥量依次为1 000千克、2 000千克及3 000～5 000千克。可以采用1～2年施肥1次的根区土壤局部逐年改良方式，也是采用5～6年肥量一次施入，全面改良根区，以后5～6年不需施有机肥的方式。

3. 施肥时期　施用有机肥要结合深翻改土、扩展树盘进行，

---

　　* 斤为非法定计量单位，1斤＝500克。——编者注

要早施。生产中，许多果农把秋施基肥工作一直拖至冬季进行，由于施入过晚，当年几乎不被果树吸收利用，肥效难以及时发挥。若遇干旱墒情不好年份，还会对果树正常越冬带来不利影响。一般果树根系有 2～3 个生长发育高峰，其中秋季是根系最后一次生长高峰，气温、土温、墒情均有利于根系伤口愈合恢复，基肥又能尽快分解转化便于果树吸收。推荐早熟品种应在 10 月上中旬之前完成施肥，晚熟品种在 10 月中旬至 11 月初施入，在允许的条件下，越早越好。

4. 施肥方法

（1）环状沟施肥法。2～3 年生幼树在距离树干 50～80 厘米处，成龄树在树冠正投影外缘处，挖 40～50 厘米宽、50～60 厘米施肥沟，将有机肥和土混合后施入，然后再覆土。环状沟施肥法适用于幼树逐年扩穴，拓展根系。但由于费工肥力，且伤根较多，不适于成龄果园。为了减少伤根，一般环状沟可以分为 3～4 段进行开沟（图 4-1）。

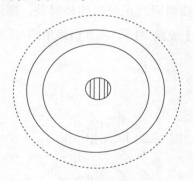

图 4-1　环状沟施肥法

（2）条形沟施肥法。在树冠正投影外缘处，平行或垂直于行向挖一条宽 40～50 厘米、深 40～50 厘米的沟，将有机肥和土混合后施入，然后再覆土。为了便于机械化开沟，一般采用平行于行向开沟，可以1条沟或在树的两侧各开1条沟，或者在树的两侧隔年轮换开沟。条形沟适合于平整土地的幼树果园和成龄果园（图4-2）。

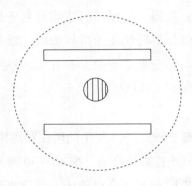

图 4-2　条形沟施肥法

（3）辐射沟施肥法。 距树干 0.5～1.0 米处向由里而外，挖4～6条放射状施肥沟，沟里浅外深 30～40 厘米，沟宽 20～40厘米，一直延伸到树冠的正投影的外缘处。辐射沟施肥法，由于伤根较少，适于成龄果园，或者山地果园（图4-3）。

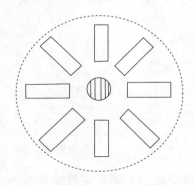

图 4-3　辐射沟施肥法

(4) 平铺法。也称撒施法，就是把有机肥均匀撒播在树盘内或全园撒施，通过降雨和灌溉的沉降、微生物活动逐步改良土壤。也可以结合秋季深翻或旋耕，把有机肥旋入土中，旋耕深度一般 20 厘米左右。此方法省工、省力，适用于任何立地果园，但容易导致肥料中部分铵态氮挥发损失（图 4-4）。

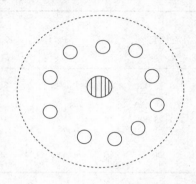

图 4-4　平铺法

第三节　化肥施用技术

一、施肥量的确定

果树施肥量的确定是一个十分复杂的问题，要综合考虑树种、品种、树龄、树势、计划产量、土壤类型和土壤肥力等，并需要参考历年的施肥量和产量来确定。确定果树施肥量的常见方法有经验法、目标产量法和田间肥料试验法。

1. 经验法　这一方法是按土壤肥力高低分为若干等级，或划出一个肥力均等的地块，作为一个配方区，利用土壤普查资料和过去的田间试验结果，结合群众经验，根据预期的产量目标，估算出这一配方区内比较适宜的肥料种类和施肥量。这一方法比较简单粗放，便于应用，但具有地域局限性，只适用于生产水平差异小、基础较差的地区。依据经验法，渤海湾苹果产区施肥量推荐见表4-1。

表4-1 不同地力及产量水平果园化肥推荐施用量

单位：千克

果园类别	产量指标	有机肥	N	P₂O₅	K₂O	有效养分总量
优	3 000 及以上	3 000~5 000	50	35	50	130~135
良	2 000	2 500~3 000	40	30	40	100~110
差	1 000	1 000	20	20	30	75~80

2. 目标产量法 这一方法是根据果树产量构成，综合考虑土壤和肥料供给养分的原理来计算施肥量，这一方法应用最为广泛。基本估算方法如下：

$$计划施肥量=\frac{果树计划产量所需养分总量-土壤供肥量}{肥料养分含量×肥料利用率}$$

$$计划产量所需养分量=\frac{计划产量}{100}×100\text{ 千克经济产量所需养分的数量}$$

$$肥料利用率=\frac{施肥区树体该元素吸收量-不施肥区树体该元素吸收量}{所施肥料中该元素的总量}×100$$

$$土壤养分供给量=土壤测定值×0.15×矫正系数$$

式中，0.15 为土壤测定值（毫克/千克）换算成 667 米² 土壤养分含量（千克）的换算系数。

$$矫正系数（果树对土壤养分的利用率）= \frac{空白区产量 \times 果树单位产量的吸收量}{土壤养分供给量}$$

在应用目标产量法计算施肥量时，应从实际出发，按产供肥。另外，还需要加强其他管理措施，使施肥与水分管理、病虫防治等农业措施相互配套使用。

3. 田间肥料试验法　肥料的增产效应反应施肥量与产量的关系。这种数量关系可以用数学函数来表示，此函数即肥料效应函数。肥料效应函数估算法是建立在田间试验和生物统计基础上的计量施肥方法。其不用化学或物理手段去揭示农田土壤的养分供应量、农作物需肥量和肥料利用率等参数。而是借助于施肥量田间试验，通过施肥量与产量之间的数学关系，配制出一元、二元或多元肥料效应回归方程式，所得的肥料效应回归方程式可计算出代表性地块的最高施肥量，最佳施肥量和最大利润施肥量等配方施肥参数。

二、施肥时期及比例

肥料的施用时期与肥料的种类、性质、施用方法、土壤条件、气候条件、果树种类和生理状况有关。一般原则是及时满足果树需要，提高肥料利用率，尽量减少施肥次数，节省劳动力。苹果树施肥一般分作基肥和追肥两种，化肥基施主要配合有机肥料一同施入，时间以秋施为适宜。秋施基肥的时间以中熟品种采收后、晚熟品种采收前为最佳，秋施基肥主要是因为秋季苹果树主要根系分布层的土壤温度比较适宜，根系发达，吸收机能活跃，施肥后有利于养分吸收。追肥应根据树势和土壤养分状况灵活的安排，一般一个生长季追肥 3～4 次，推荐渤海湾地区果园施肥时期及比例见表 4-2。

表 4-2　施肥时期及比例一览表

肥料种类	第一年		第二年	
	9 月中旬 至 10 月中旬	4 月中旬	6 月初	7 月下旬 至 8 月中旬
氮肥	40％	30％	20％	10％
磷肥	40％	20％	30％	10％
钾肥	20％	10％	30％	40％

三、大量元素化肥施肥方法

1. 沟施肥法　此方式特别适用于幼树施用基肥，方法是在树冠外围挖一条 30～40 厘米宽、15～25 厘米深的环形沟，然后将表土与化肥混合施入。

2. 放射状施肥法　在距树干 1 米远的地方，挖 6～8 条放射状沟，沟宽 30～60 厘米，深 15～25 厘米，长度达树干外缘。将肥料施入沟中后覆土。此法适于成龄果园。

3. 条形沟施肥法　在果树行间或株间，挖 1～2 条宽 50 厘米、深 15～25 厘米的长条形沟，然后施肥覆土。此法适于成龄果园。

4. 穴施法　在直径 1 米以外的树下，均匀挖 10～20 个深 15～25 厘米、上口为 30 厘米、底部为 10 厘米的锥形穴。穴内填枯枝烂叶，用塑料布盖口，追肥、浇水均在穴内。此法适用于保水保肥力差的沙地果园。

5. 土壤打眼施肥法　在树冠下用钻打眼，将稀释好的肥料灌入洞眼内，让肥水慢慢渗透。此法适于密植区果园和干旱区的成龄果园。

6. 全园施肥法 将肥料均匀撒施全园，翻肥入土，深度以25厘米为宜。此法适用于根系满园的成龄树或密植型果园。

7. 以水带肥法 在地膜覆盖的幼树园，可先将化肥溶解到水中，然后随灌溉水一起施入。

四、中微量元素肥料根外追肥

目前生产中，果农对大量元素肥料的使用方法较为了解，相对科学，但生产者对中微量元素营养管理的重视程度不够，使用方法尚未普及。近年来由于中微量元素缺乏引起的病害时有发生，但很多果农在病害发生后的防治效果并不理想，甚至适得其反。究其原因，除了病害的诊断有误外，还与中微量元素的使用方法有关。下面简要介绍一下中微量元素肥料的使用方法和注意事项。

1. 苹果树中微量元素施用技术

(1) 锌肥的使用。在萌芽前15天，用2‰~3‰硫酸锌溶液全树喷施、展叶期喷0.1%~0.2%、秋季落叶前喷0.3%~0.5%的硫酸锌溶液，重病树连续喷2~3年。或在发芽前3~5周，结合施基肥，每株成年树施50%硫酸锌1~1.5千克或0.5~1千克锌铁混合肥。

(2) 镁肥的使用。缺镁较轻的果园，可在6~7月叶面喷施1‰~2‰硫酸镁溶液2~4次。缺镁较重的果园可把硫酸镁混入有机肥中根施，每亩施硫酸镁1~1.5千克。在酸性土壤中，施镁石灰或碳酸镁可中和土壤中酸度。

(3) 铁肥的使用。果树缺铁的原因比较复杂，一般土壤中并不缺铁，只是由于土壤碱性过大，有机质过少土壤不通透或土壤盐渍化等原因，使表土含盐量增加，土中可以吸收的铁元素变成了不能吸收的铁元素。另外，缺铁与砧木有关，山定子做砧木易表现缺铁症，而海棠很少发现此病。应注意改良土壤，排涝、通气和降低盐碱。树下间作豆科绿肥，以增加土中腐殖质、改良土壤。发病严重的树发芽前可喷 0.3%～0.5%的硫酸铁溶液，或在春梢迅速生长初期，用黄腐酸二胺铁 200 倍液叶面喷施。也可结合深翻施入有机肥，适量加入硫酸铁，不要在生长期施用，以免产生肥害。

(4) 锰肥的使用。缺锰果园可在土壤中施入氧化锰、氯化锰和硫酸锰等，最好结合施有机肥分期施入，一般每亩施氧化锰 0.5～1.5 千克、氯化锰或硫酸锰 2～5 千克。也可叶面喷施 0.2%～0.3%硫酸锰，喷施时可加入半量或等量石灰，以免发生肥害，也可结合喷布波尔多液或石硫合剂等一起进行。

(5) 硼砂和硼酸。山地果园、河滩沙地或沙砾地果园，土壤中的硼易流失，易发生缺硼症。另外，土壤过干、盐碱或过酸，化学氮肥过多时也能造成缺硼。对于缺硼果树，可于秋季或春季开花前结合施基肥，施入硼砂或硼酸。施肥量因树体大小而异，每株大树施硼砂 0.15～0.20 千克，小树施硼砂 0.05～0.10 千克，用量不可过多，施肥后及时灌水，防止产生肥害。根施效果可维持 2～3 年，也可喷施，在开花前、开花期和落花后各喷 1 次 0.3%～0.5%的硼砂溶液。溶液浓度发芽前为 1%～2%，萌芽至花期为 0.3%～0.5%。碱性强的土壤硼砂易被钙固定，采用此法效果好。

(6) 钙肥的使用。为防治果树缺钙，应增施有机肥和绿肥，改良土壤，早春注意浇水，雨季及时排水，适时适量施用氮肥，促进植株对钙的吸收。在酸性土果园中适当施用石灰，可以中和土壤酸度、提高土壤中置换性钙含量，减轻缺钙症。对缺钙严重果树，可在生长季节叶面喷施硝酸钙或氯化钙1 000～1 500倍液，喷洒重点部位是果实萼凹处，一般喷2～4次，最后1次应在采收前3周为宜。果实采收后，立即用氯化钙溶液浸泡24小时，可使贮藏期间的苦痘病病果率减少7.9%。

2. 中微量元素肥料使用注意事项 微量元素肥料施用有其特殊性，如果施用不当，不仅不能增产，甚至会使作物受到严重伤害，在施肥时应注意以下几点：

(1) 控制用量、浓度，力求施用均匀。果树需要某些微量元素的数量很少，许多微量元素从缺乏到适量的浓度范围很窄，因此，施用微量元素肥料要严格控制用量，防止浓度过大，施用必须注意均匀。

(2) 注意改善土壤环境。土壤微量元素供应不足，往往是由于土壤环境条件的影响。土壤酸碱性是影响微量元素有效性的首要因素，其次还有土壤质地，土壤水分、土壤氧化还原状况等因素。

(3) 与大量元素肥料、有机肥料配合施用。只有在满足了作物对大量元素氮、磷、钾等需要的前提下，微量元素肥料才能表现出明显的增产效果，与有机肥配合使用可以大大提高中微量元素肥料利用率和效果。

(4) 注意与土壤测试和叶分析相结合。当树体出现生理病害，通过外观无法正确诊断的时候，可以采集叶片和土壤样品送到相关部分测试分析，以便得到正确结果。

(5) 叶面施肥最佳时期。最好在傍晚无风天气进行，喷施位置以叶背为主，正反兼顾，均匀一致。叶面肥可单独喷施，也可结合喷药进行，但一般不与石硫合剂、波尔多液等强碱性农药混合。

第五章
果园简易水肥一体化施用技术

一、交替灌溉与肥料冲施技术

根系分区交替灌溉是把果树根系分成不同区域（水平分区或者垂直分区），灌水时在不同根系区域交替进行，即一个时段内在根系的一个区域灌水，另一侧不灌溉而使其干燥，下次灌溉原来干燥区，而上次灌溉区干燥，如此往复交替进行。从而实现调节气孔开度，减少植株蒸腾，提高水分利用效率，实现节水增产的目的。肥料可以随水冲施进入土壤或者通过滴灌系统施入根区，实现水分管理的简单、省力。果树交替灌溉有多种方式，主要包括隔沟交替灌溉、移动式分区交替灌溉、根系分区交替滴灌等方式，形成相应的肥料冲施方式。下面简要介绍生产中常用的隔沟交替灌溉和根系分区交替滴灌方式。

1. 隔沟交替灌溉与肥料冲施 据测定，隔沟交替灌溉可以比漫灌省水 30％以上。该方法可以建立在渠道灌溉设施上，方法简单易学，无须任何设备，投入少、水分利用效率高，容易推广应用，是目前果园最具推广潜力的交替灌溉方式。缺点是需要人工变换灌溉沟渠，费工费力，对地势的平整度和高差有较高要求。漫灌果园可以采用隔沟交替灌溉的方式，要求果园地势较平坦。具体操作如下。

（1）开沟。首先平行于行向，在树冠外围滴水线两侧，各挖 1 条深 15～20 厘米，宽 20～30 厘米的小沟。

（2）灌溉。选择地势较高的位置灌水（如果高差加大，可以采用梯田式分段灌溉的方式），仅沿果树一侧的小沟灌水，而下一次灌水时灌溉另一测小沟。使苹果根系的不同区域在两次灌水之间干湿交替，实现交替灌溉的目的。

（3）施肥。隔沟交替灌溉的果园，施肥时可采用液体肥或水溶肥。首先准备一个水桶（最好在底部安装一个法兰），确定每个沟渠施肥量，把相应数量的水溶肥或液体肥溶解稀释到桶中。然后开通一个沟渠，放水灌溉，待水从沟渠首尾贯通后，再把桶中的肥料缓慢倾倒（或打开法兰）到水中，确保液体肥料可以随水遍布到整个沟渠部分（可以通过观测沟渠中释放树叶、草叶），然后停止灌水，待水全部渗入土中，再适当灌溉少许水分，以便把肥料冲入根区。

2. 根系分区交替滴灌与施肥　本方法适合企业、农场、合作组织或具有一定投资能力的农户，以建立滴灌设施为基础的果园。具体操作如下：

（1）铺设管道。根系分区交替滴灌是顺行向两侧铺设两条滴灌毛管（微喷软管），两道毛管与主管道间分别由不同的法兰单独控制，以提供交替灌溉方式。为了减少投资成本，也可以每行仅铺设一条毛管，但要求毛管可以在相邻的两行人为挪动。这样，可以通过在相邻两行上来回移动管带，来实现交替灌溉的目的。

（2）交替灌溉。灌水时，每次仅打开一侧毛管开关供水，而另一侧关闭。待下一次灌水时，再换为上次关闭的毛管供水，而上次供水毛管关闭。这样树干两侧的根区土壤呈现干湿交替，即确保了及时供水又始终有一部分根系处于干燥土壤中（实现节水目的）。

（3）水肥一体化。利用滴灌系统的果园，施肥可以液体肥或者质量较好的水溶肥，通过施肥罐注入滴灌管路系统，直接施入根区，实现水肥一体化。

二、穴贮肥水技术

穴贮肥水操作简单、投资少，对果园立地条件无特殊要求，不需额外设施，可以起到节水、节肥的目的，还能增加土壤有机质，在灌溉水源缺乏或者没有灌溉条件的丘陵山地果园效果尤为明显。通过这种方法一般可节肥30％，节水70％以上（彩图59和彩图60）。具体做法如下：

（1）挖穴。在树冠正投影边缘向内50厘米处，挖直径30厘米左右的穴，深达根系集中分布层。初果期每株树挖2～4个穴，盛果期每株树挖4～6个。

（2）填料收集。收集玉米秸秆、稻草、麦秸、花生壳等有机物料，用铡草机切成5厘米左右小段，放入穴中，踏实。最终秸秆表面稍低于穴四周边缘3～4厘米。

（3）灌水。首先在每个穴中撒50～100克尿素，然后给充分灌水，等水位下降后再次灌水，使秸秆充分吸足水分，根据土壤墒情和秸秆吸水能力反复灌溉2～3次。

（4）覆膜。用2米^{2}左右的黑地膜覆盖在穴上，周围用土压实，正中央穿一个小孔，小孔周围用石块或者瓦片压上，形成小孔中央低而四周高的形状，以便于收集雨水、追肥补水等。一般肥水穴可应用3年左右，有机物料每年需要添加，黑膜可根据破损情况随时修补、更换。3 年后，可根据需要改换位置重新布置穴贮肥水的田间操作。

三、施肥枪式注射施肥法

施肥枪注射施肥法成本低、效果好，组装和操作简单，基本适用于任何立地条件的果园。研究证明，注射施肥比沟施或地面撒施节肥 30%～40%。该方法只需要在原有的果园打药机械（主要包括药罐、药泵、拖拉机、软管）基础上，购买一把不足百元的施肥枪以及若干软管即可。具体操作如下：

（1）肥料一般要选用尿素、硝酸钾、硫酸钾、硝酸钙等水溶性好的肥料或选择商品水溶肥或液体肥料。

（2）施肥前，首先把打药枪更换为施肥枪，然后把待施肥料放入水桶中充分溶解，滤去残渣，把肥液倒入施肥罐中，配置成适宜的浓度。

（3）施肥时，打开打药泵加压，由于施肥枪与药泵相连，肥液在药泵压力作用下推向施肥枪头。手持施肥枪的人把枪扎入果树根区，扣动扳机，肥液即注入根系，实现了肥水一体施入根区的目的。

（4）氮磷钾肥料浓度一般在 2%～4%，其他肥料根据商品要求配置。施肥区域一般在树冠正投影的边缘，成龄树每株围绕树体打 6～10 个孔，孔深 20 厘米左右，每个孔施肥 6～8 秒，注入肥液 1.5 千克左右。

四、山地自压式微灌施肥技术

灌溉施肥又叫水肥一体化技术，是将灌溉与施肥融为一体，借助压力系统，将水溶肥料或液体肥料在灌溉的同时输入到作物根系区域，直接满足作物对养分、水分的需求。山地自压式微灌施肥是利用山地果园的高度差产生的重力，来代替机械压力而设计的一种投资少、效果好，节肥、节水的高效水肥管理技术。该系统主要包括蓄水池、施肥罐、过滤设备及管网系统组成。

1. 蓄水池 应位于山地果园的最高位置，以便产生驱动灌溉的足够压力，一般蓄水池与灌溉区高度差在 10 米左右即可。

2. 施肥罐 可放置在水池顶部，溶解肥料后可直接注入蓄水池中，大小以能溶解蓄水池一次灌溉所需的容积为宜。

3. 过滤设备 是过滤灌溉水，防止各种污物进入滴灌系统堵塞管路或滴头。由于灌溉水源不同，所选用的过滤设备也有差异。过滤设备有拦污栅、介质过滤器、叠片过滤器、筛网过滤器、离心过滤器等。不同水源需要的过滤器不同，详见表 5-1。

4. 管网系统 是将水流输送分配到主管道、支管、毛管以及滴头的管路系统。滴头有压力补偿式和非补偿式两种。压力补偿式滴头其作用是利用滴头的微小流道或孔眼消能减压，使水流变为水滴，能够均匀地施入作物根区土壤中。

5. 肥料的选择 根据苹果生命周期和年生长周期，需要选用不同比例的肥料以及施肥量，具体见表 5-2 和表 5-3。

表 5-1 不同水源的过滤设备选择

过滤器类型	井水	水库水	河水
拦污栅	不用	可用	可用
介质过滤器	不用	可用	可用
碟片过滤器	可用	可用	可用
筛网过滤器	可用	不用	不用
离心过滤器	可用	不用	不用

表 5-2　不同树龄苹果施肥量及比例

树龄（年）	氮肥用量	$N:P_2O_5:K_2O$	备注
1～5	0.18～0.45（千克/株）	$1:(0.7～1.0):(1.2～1.4)$	幼树
6～10	0.40～0.80（千克/株）	$1:(0.5～0.7):(1.4～1.8)$	初果期
11 年以上	8～11（千克/株）	$1:0.5:(1.0～1.2)$	盛果期

表 5-3　盛果期苹果树灌溉施肥方案

生育时期	灌溉次数	灌水量（米³）	施肥量（千克）				备注
			N	P_2O_5	K_2O	$N+P_2O_5+K_2O$	
基肥	1	35	6.0	6.0	6.6	18.6	树盘灌溉
花前	1	20	6.0	1.5	3.3	10.8	微喷
初花	1	25	4.5	1.5	3.3	9.3	微喷
花后	1	25	4.5	1.5	3.3	9.3	微喷
初果	1	25	6.0	1.5	3.3	10.8	微喷
果实膨大期	1	25	3.0	1.5	6.6	11.1	微喷
果实膨大期	1	25	0	1.5	8.1	4.0	微喷
合计	7	180	30.0	15.0	33.0	78.0	

五、保水剂—氮肥施肥技术

土壤保水剂成分为丙烯酰胺-丙烯酸钾交聚物（CLP），由美国农业部北部研究所 1974 年开发成功，北京汉力淼新技术公司引进。主要形态为颗粒状。CLP 呈三维网状结构，亲水不溶水，遇水缓慢膨胀成自身重百倍的凝胶，成为水的载体。当土壤干旱，水势低于持水 CLP 凝胶时，CLP 凝胶可向土壤析出水分，供给果树根系吸收之用。保水剂—氮肥施肥技术有两种方式，一种是把可溶性氮肥如尿素溶解于水中形成化肥溶液，一般取尿素 5～6.5 千克，溶解于 10 升水中，然后把保水剂浸泡在化肥溶液中，保水剂吸足肥液膨胀成凝胶即可。然后根据果树需肥时期和施肥量把凝胶尿素复合物通过沟施方法施入根区即可。另一种方式是首先把凝胶状态保水剂撒沟/穴底，幼树每株15～25克，成龄树每株200～350克，然后覆一层薄土，再撒施化肥。利用保水剂施肥法，方法简单、价格低廉、效果显著，可抗春旱、缓夏涝，有无降雨均可施肥，对于干旱少雨果区较为实用。

附录1 肥料登记管理办法[*]

第一章 总 则

第一条 为了加强肥料管理，保护生态环境，保障人畜安全，促进农业生产，根据《中华人民共和国农业法》等法律、法规，制定本办法。

第二条 在中华人民共和国境内生产、经营、使用和宣传肥料产品，应当遵守本办法。

第三条 本办法所称肥料，是指用于提供、保持或改善植物营养和土壤物理、化学性能以及生物活性，能提高农产品产量，或改善农产品品质，或增强植物抗逆性的有机、无机、微生物及其混合物料。

第四条 国家鼓励研制、生产和使用安全、高效、经济的肥料产品。

第五条 实行肥料产品登记管理制度，未经登记的肥料产品不得进口、生产、销售和使用，不得进行广告宣传。

第七条 农业部负责全国肥料登记和监督管理工作。

省、自治区、直辖市人民政府农业行政主管部门协助农业部做好本行政区域内的肥料登记工作。

---

* 肥料登记办法 2000 年 6 月 23 日农业部令第 32 号公布，2004 年 7 月 1 日农业部令第 38 号修订，删去第六条、第十一条第二款、第二十一条第一款、第三十条第一款、第三十二条。并修订了其他部分内容。本书肥料登计管理办法为 2004 年修订后版本。

县级以上地方人民政府农业行政主管部门负责本行政区域内的肥料监督管理工作。

第二章　登记申请

第八条　凡经工商注册，具有独立法人资格的肥料生产者均可提出肥料登记申请。

第九条　农业部制定并发布《肥料登记资料要求》。

肥料生产者申请肥料登记，应按照《肥料登记资料要求》提供产品化学、肥效、安全性、标签等方面资料和有代表性的肥料样品。

第十条　农业部负责办理肥料登记受理手续，并审查登记申请资料是否齐全。

境内生产者申请肥料登记，其申请登记资料应经其所在地省级农业行政主管部门初审后，向农业部提出申请。

第十一条　生产者申请肥料登记前，须在中国境内进行规范的田间试验。

对有国家标准或行业标准，或肥料登记评审委员会建议经农业部认定的产品类型，可相应减免田间试验。

第十二条　生产者可按要求自行开展肥料田间试验，也可委托有关单位开展，生产者和试验单位对所出具的试验报告的真实性承担法律责任。

第十三条　有下列情形的肥料产品，登记申请不予受理：

（一）没有生产国使用证明（登记注册）的国外产品；

（二）不符合国家产业政策的产品；

（三）知识产权有争议的产品；

（四）不符合国家有关安全、卫生、环保等国家或行业标准要求的产品。

第十四条　对经农田长期使用，有国家或行业标准的下列产品免予登记：

硫酸铵，尿素，硝酸铵，氰氨化钙，磷酸铵（磷酸一铵、二铵），硝酸磷肥，过磷酸钙，氯化钾，硫酸钾，硝酸钾，氯化铵，碳酸氢铵，钙镁磷肥，磷酸二氢钾，单一微量元素肥，高浓度复合肥。

第三章　登记审批

第十五条　农业部负责全国肥料的登记审批、登记证发放和公告工作。

第十六条　农业部聘请技术专家和管理专家组织成立肥料登记评审委员会，负责对申请登记肥料产品的产品化学、肥效和安全性等资料进行综合评审。

第十七条　农业部根据肥料登记评审委员会的综合评审意见，在评审结束后 20 日内作出是否颁发肥料登记证的决定。

肥料登记证使用《中华人民共和国农业部肥料审批专用章》。

第十八条　农业部对符合下列条件的产品直接审批、发放肥料登记证：

（一）有国家或行业标准，经检验质量合格的产品；

（二）经肥料登记评审委员会建议并由农业部认定的产品类型，申请登记资料齐全，经检验质量合格的产品。

第十九条　农业部根据具体情况决定召开肥料登记评审委员会全体会议。

第二十条 肥料商品名称的命名应规范，不得有误导作用。

第二十一条 肥料正式登记证有效期为五年。肥料正式登记证有效期满，需要继续生产、销售该产品的，应当在有效期满六个月前提出续展登记申请，符合条件的经农业部批准续展登记。续展有效期为五年。

登记证有效期满没有提出续展登记申请的，视为自动撤销登记。登记证有效期满后提出续展登记申请的，应重新办理登记。

第二十二条 经登记的肥料产品，在登记有效期内改变使用范围、商品名称、企业名称的，应申请变更登记；改变成分、剂型的，应重新申请登记。

第四章 登记管理

第二十三条 肥料产品包装应有标签、说明书和产品质量检验合格证。标签和使用说明书应当使用中文，并符合下列要求：

（一）标明产品名称、生产企业名称和地址；

（二）标明肥料登记证号、产品标准号、有效成分名称和含量、净重、生产日期及质量保证期；

（三）标明产品适用作物、适用区域、使用方法和注意事项；

（四）产品名称和推荐适用作物、区域应与登记批准的一致。

禁止擅自修改经过登记批准的标签内容。

第二十四条 取得登记证的肥料产品，在登记有效期内证实对人、畜、作物有害，经肥料登记评审委员会审议，由农业部宣布限制使用或禁止使用。

第二十五条 农业行政主管部门应当按照规定对辖区内的肥料生产、经营和使用单位的肥料进行定期或不定期监督、检查，必要时按照规定抽取样品和索取有关资料，有关单位不得拒绝和隐瞒。对质量不合格的产品，要限期改进。对质量连续不合格的产品，肥料登记证有效期满后不予续展。

第二十六条 肥料登记受理和审批单位及有关人员应为生产者提供的资料和样品保守技术秘密。

第五章 罚 则

第二十七条 有下列情形之一的，由县级以上农业行政主管部门给予警告，并处违法所得 3 倍以下罚款，但最高不得超过 30 000 元；没有违法所得的，处 10 000 元以下罚款：

（一）生产、销售未取得登记证的肥料产品；

（二）假冒、伪造肥料登记证、登记证号的；

（三）生产、销售的肥料产品有效成分或含量与登记批准的内容不符的。

第二十八条 有下列情形之一的，由县级以上农业行政主管部门给予警告，并处违法所得 3 倍以下罚款，但最高不得超过 20 000 元；没有违法所得的，处 10 000 元以下罚款：

（一）转让肥料登记证或登记证号的；

（二）登记证有效期满未经批准续展登记而继续生产该肥料产品的；

（三）生产、销售包装上未附标签、标签残缺不清或者擅自修改标签内容的。

第二十九条 肥料登记管理工作人员滥用职权、玩忽职守、徇私舞弊、索贿受贿，构成犯罪的，依法追究刑事责任；尚不构成犯罪的，依法给予行政处分。

第六章 附 则

第三十条 生产者进行田间试验，应按规定提供有代表性的试验样品。试验样品须经法定质量检测机构检测确认样品有效成分及其含量与标明值相符，方可进行试验。

第三十一条 省、自治区、直辖市人民政府农业行政主管部门负责本行政区域内的复混肥、配方肥（不含叶面肥）、精制有机肥、床土调酸剂的登记审批、登记证发放和公告工作。省、自治区、直辖市人民政府农业行政主管部门不得越权审批登记。

省、自治区、直辖市人民政府农业行政主管部门参照本办法制定有关复混肥、配方肥（不含叶面肥）、精制有机肥、床土调酸剂的具体登记管理办法，并报农业部备案。

省、自治区、直辖市人民政府农业行政主管部门可委托所属的土肥机构承担本行政区域内的具体肥料登记工作。

第三十三条 下列产品适用本办法：

（一）在生产、积造有机肥料过程中，添加的用于分解、熟化有机物的生物和化学制剂；

（二）来源于天然物质，经物理或生物发酵过程加工提炼的，具有特定效应的有机或有机无机混合制品，这种效应不仅包括土壤、环境及植物营养元素的供应，还包括对植物生长的促进作用。

第三十四条 下列产品不适用本办法：

（一）肥料和农药的混合物；

（二）农民自制自用的有机肥料；

（三）植物生长调节剂。

第三十五条　本办法下列用语定义为：

（一）配方肥是指利用测土配方技术，根据不同作物的营养需要、土壤养分含量及供肥特点，以各种单质化肥为原料，有针对性地添加适量中、微量元素或特定有机肥料，采用掺混或造粒工艺加工而成的，具有很强的针对性和地域性的专用肥料；

（二）叶面肥是指施于植物叶片并能被其吸收利用的肥料；

（三）床土调酸剂是指在农作物育苗期，用于调节育苗床土酸度（或 pH）的制剂；

（四）微生物肥料是指应用于农业生产中，能够获得特定肥料效应的含有特定微生物活体的制品，这种效应不仅包括了土壤、环境及植物营养元素的供应，还包括了其所产生的代谢产物对植物的有益作用；

（五）有机肥料是指来源于植物和/或动物，经发酵、腐熟后，施于土壤以提供植物养分为其主要功效的含碳物料；

（六）精制有机肥是指经工厂化生产的，不含特定肥料效应微生物的，商品化的有机肥料；

（七）复混肥是指氮、磷、钾三种养分中，至少有两种养分标明量的肥料，由化学方法和/或物理加工制成；

（八）复合肥是指仅由化学方法制成的复混肥。

第三十六条　本办法所称"违法所得"是指违法生产、经营肥料的销售收入。

第三十七条　本办法由农业部负责解释。

第三十八条　本办法自发布之日起施行。农业部 1989 年发布、1997 年修订的《中华人民共和国农业部关于肥料、土壤调理剂及植物生长调节剂检验登记的暂行规定》同时废止。

附录 2   NY 1979—2010 肥料登记标签技术要求

1   范围

本标准规定了肥料登记标签内容和标明值判定的技术要求。

本标准适用于中华人民共和国境内登记和销售的肥料和土壤调理剂。

本标准不适用于中华人民共和国境内登记和销售的复混肥料、有机肥料和微生物肥料。

2   规范性引用文件

下列文件对于本文件的应用是必不可少的。凡是注日期的引用文件，仅注日期的版本适用于本文件。凡是不注日期的引用文件，其最新版本（包括所有的修改单）适用于本文件。

GB 190   危险货物包装标志

GB 191   包装储运图示标志

GB 18382   肥料标识   内容和要求

《定量包商品计量监督管理办法》

《肥料登记管理办法》

3   一般要求

3.1   肥料登记标签应符合《肥料登记管理办法》的要求。

3.2   一个肥料登记证允许有一个或多个产品标签，允许在单一养分含量、适宜范围、使用说明和包装规格等方面存在差异。标签内容完全相同的，应使用同一种标签。

3.3 标签应牢固粘贴在包装容器上，或将标签内容直接印刷于包装容器上。

3.4 标签文字应使用汉字，并符合汉字书写规范要求。标签允许同时使用汉语拼音、少数民族文字或外文，但字体应不大于汉字。

3.5 标签图示应按 GB 190 和 GB 191 的规定执行。

3.6 肥料和土壤调理剂中的植物营养成分包括：

3.6.1 植物必需营养元素。

——大量营养元素：碳（C）、氢（H）、氧（O）、氮（N）、磷（P）、钾（K）；

——中量营养元素：钙（Ca）、镁（Me）、硫（S）；

——微量营养元素：铜（Cu）、铁（Fe）、锰（Mn）、锌（Zn）、硼（B）、钼（Mo）、氯（Cl）。

3.6.2 植物有益营养元素：钠（Na）、硅（Si）、硒（Se）、铝（Al）、钴（Co）、镍（Ni）。

3.6.3 有机营养成分：有机质、氨基酸、腐殖酸等。

3.7 肥料和土壤调理剂中的限量成分：

——有毒有害元素：汞（Hg）、砷（As）、镉（Cd）、铅（Pb）、铬（Cr）；

——水不溶物、水分（H_2O）及其他登记限量成分。

3.8 营养成分和限量成分应选择以标明值、最低标明值或最高标明值等形式标明。标明值应仅以数值和计量单位表示；最低标明值应以"≥标明值"表示；最高标明值应以"≤标明值"表示。

3.9 肥料营养成分标明要求。

3.9.1　大量营养元素以"$N+P_2O_5+K_2O$"的最低标明值形式标明，同时还应标明单一大量元素的标明值。氮、磷、钾应分别以总氮（N）、磷（P_2O_5）和钾（K_2O）的形式标明。若需标明氮形态，总氮应分别以硝态氮、铵态氮和酰胺态氮形式标明。元素碳（C）、氢（H）、氧（O）不单独作为肥料和土壤调理剂营养成分标明。

3.9.2　中量营养元素以"$Ca+Mg$"的最低标明值形式标明，同时还应标明单一钙（Ca）和镁（Mg）的标明值。中量元素硫（S）的标明值应按肥料登记要求执行。螯合态成分应以"螯合剂缩写—螯合元素"形式标明。

3.9.3　微量营养元素以"$Cu+Fe+Mn+Zn+B+Mo$"的最低标明值形式标明，同时还应标明单一微量元素的标明值。铜、铁、锰、锌、硼、钼应分别以铜（Cu）、铁（Fe）、锰（Mn）、锌（Zn）、硼（B）、钼（Mo）的形式标明。氯（Cl）的标明值应按肥料登记要求执行。螯合态成分应以"螯合剂缩写—螯合元素"形式标明。

3.9.4　有益营养元素应标明单一元素的标明值。钠、硅、硒、铝、钴、镍应按肥料登记要求分别以钠（Na）、硅（Si）、硒（Se）、铝（Al）、钴（Co）、镍（Ni）的形式标明。

3.9.5　有机营养成分应以有机质、氨基酸、腐殖酸等最低标明值形式标明。

3.10　土壤调理剂营养成分的标明要求：磷、钾、钙、镁、硅等应分别按肥料登记要求单独以磷（P_2O_5）、钾（K_2O）、钙（CaO）、镁（MgO）、硅（SiO_2）等形式标明。其他同肥料营养成分标明要求。

3.11 限量成分标明要求：以汞（Hg）、砷（As）、镉（Cd）、铅（Pb）、铬（Cr）、水不溶物、水分（H_2O）形式及其他登记限量成分要求标明的最高标明值形式标明。

注：水分仅适用于固体产品。

3.12 标签计量单位应使用中华人民共和国法定计量单位。

3.12.1 固体产品营养成分含量、水分含量、水不溶物含量以质量分数（百分比，%）表示。

3.12.2 液体产品营养成分含量、水不溶物含量以质量浓度（克/升，g/L）表示。

3.12.3 固体和液体产品有毒有害元素含量以质量分数（毫克/千克，mg/kg）表示。

3.12.4 用量以单位面积（公顷，hm^2）所使用产品数量表示。采用亩作为单位面积或采用稀释倍数表述的，均应同时标明每公顷用量。

3.13 其余按 GB 18382 的规定执行。

4 内容要求

4.1 最小销售包装上的肥料登记标签内容应包括：

4.1.1 肥料登记证号。应按肥料登记证执行。

4.1.2 通用名称。应按肥料登记证执行。

4.1.3 商品名称。应按肥料登记证执行。不应使用数字、序列号、外文（境外产品标签需标明生产国文字作为商品名称的，以括弧的形式表述在中文商品名称之后），不应误导消费者。

注：境外指国外及中国港、澳、台地区，下同。

4.1.4 商标。应在中华人民共和国境内正式注册，商标注册范围应包含肥料和/或土壤调理剂。

4.1.5 产品说明。应包含对产品原料和生产工艺的说明，不应进行夸大、虚假宣传。

4.1.6 执行标准号。境内产品应标明产品所执行的国家/行业标准号或经登记备案的企业标准号。

4.1.7 剂型。应按肥料登记证执行。

4.1.8 技术指标要求。

——大量元素含量、中量元素含量和/或微量元素含量应按登记证要求标明最低标明值，还应标明各单一养分标明值。允许总氮以硝态氮、铵态氮或酰胺态氮形式分别标明。硫（S）、氯（Cl）应按肥料登记要求执行；

——有机成分、有益元素应按肥料登记证执行；

——土壤调理剂、农林保水剂、缓释肥料等应按肥料登记证执行。

4.1.9 限量指标要求。应符合肥料登记要求，标明汞（Hg）、砷（As）、镉（Cd）、铅（Pb）、铬（Cr）、水不溶物和/或水分（H_2O）等最高标明值。

4.1.10 适宜范围：指适宜的作物和/或适宜土壤（区域），应符合肥料登记要求。

4.1.11 限用范围：指不适宜的作物和/或不适宜土壤（区域），应符合肥料登记要求。

4.1.12 使用说明。应包含使用时间、用法、用量以及与其他制剂混用的条件和要求。

4.1.13 注意事项。不宜使用的作物生长期、作物敏感的光热条件、对人畜存在的潜在危害及防护、急救措施等。

4.1.14 净含量。固体产品以克（g）、千克（kg）表示，液体产品以毫升（mL）、升（L）表示。其余按《定量包装商品计量监督管理办法》的规定执行。

4.1.15 生产日期及批号。

4.1.16 有效期。含有机营养成分的产品应标明有效期，其他产品应根据其特点酌情标明有效期。有效期应以月为单位、自生产日期开始计。

4.1.17 贮存和运输要求。对贮存和运输环境的光照、温度、湿度等有特殊要求的产品，应标明条件要求。对于具有酸、碱等腐蚀性、易碎、易潮、不宜倒置或其他特殊要求的产品，应标明警示标识和说明。

4.1.18 企业名称：指生产企业名称，应与肥料登记证一致。境外产品标签还应标明境内代理机构名称。

4.1.19 生产地址：指企业生产登记产品所在地的地址。若企业具有两个或两个以上生产厂点，标签上应只标明实际生产所在地的地址。境外产品标签还应标明境内代理机构的地址。

4.1.20 联系方式应包含企业联系电话、传真等。境外产品标签还应标明境内代理机构的联系电话、传真等。

4.2 肥料登记证号、通用名称、执行标准号、剂型、技术指标要求、限量指标要求、使用说明、注意事项、净含量、贮存和运输要求、企业名称、生产地址、联系方式为标签必须标明的项目。

4.3 最小销售包装中进行分量包装的，分量包装容器上应标明其肥料登记证号、通用名称和净含量。

5 标明值判定要求

根据肥料和土壤调理剂特性，对肥料登记标签标明值进行判定时，应符合下列要求。

5.1 应符合肥料登记证技术指标要求。

5.2 单一大量元素标明值之和应符合大量元素含量最低标明值要求。

当单一大量元素标明值不大于4.0%或40g/L时，各测定值与标明值负相对偏差的绝对值应不大于40%；当单一大量元素标明值大于4.0%或40g/L时，各测定值与标明值负偏差的绝对值应不大于1.5%或15g/L。

5.3 单一中量元素标明值之和应符合中量元素含量最低标明值要求。

当单一中量元素标明值不大于2.0%或20g/L时，各测定值与标明值负相对偏差的绝对值应不大于40%；当单一中量元素标明值大于2.0%或20g/L时，各测定值与标明值负偏差的绝对值应不大于1.0%或10g/L。

注：中量元素仅指钙和镁。肥料以钙（Ca）和镁（Mg）计；土壤调理剂以钙（CaO）和镁（MgO）计。

5.4 单一微量元素标明值之和应符合微量元素含量最低标明值要求。

当单一微量元素标明值不大于2.0%或20g/L时，各测定值与标明值正负相对偏差的绝对值应不大于40%；当单一微量元素标明值大于2.0%或20g/L时，各测定值与标明值正负偏差的绝对值应不大于1.0%或10g/L。

注：微量元素仅指铜（Cu）、铁（Fe）、锰（Mn）、锌（Zn）、硼（B）和钼（Mo）。

5.5 硫（S）元素含量应符合其标明值要求。

当硫元素标明值为"硫（S）≤3.0％或30g/L"时，其测定值应不大于3.0％或30g/L；当硫元素标明值大于3.0％或30g/L时，其测定值与标明值正负偏差的绝对值应不大于1.5％或15g/L。

5.6 氯（Cl）元素含量应符合其标明值要求。

当氯元素标明值为"氯（Cl）≤3.0％或30g/L"时，其测定值应不大于3.0％或30g/L；当氯元素标明值大于3.0％或30g/L时，其测定值与标明值正负偏差的绝对值应不大于1.5％或15g/L。

5.7 钠（Na）元素含量应符合其标明值要求。

当钠元素标明值为"钠（Na）≤3.0％或30g/L"时，其测定值应不大于3.0％或30g/L；当钠元素标明值大于3.0％或30g/L时，其测定值与标明值正负偏差的绝对值应不大于1.5％或15g/L。

5.8 硅（Si）、硒（Se）、铝（Al）、钴（Co）、镍（Ni）含量应符合其标明值要求。

当硅、硒、铝、钴或镍元素标明值不大于2.0％或20g/L时，各测定值与标明值正负相对偏差的绝对值应不大于40％；当硅、硒、铝、钴或镍元素标明值大于2.0％或20g/L时，各测定值与标明值正负偏差的绝对值应不大于1.0％或10g/L。

5.9 有机质、氨基酸、腐殖酸等测定值应符合其最低标明值要求。

5.10 限量指标标明值要求。

——汞（Hg）、砷（As）、镉（Cd）、铅（Pb）、铬（Cr）元素测定值应符合其最高标明值要求；

——水不溶物含量、水分含量测定值应符合其最高标明值要求。

5.11 pH测定值应符合其标明值正负偏差pH±1.0的要求。

附录3　肥料和土壤调理剂　检验规则

1　范围

本附录规定了肥料登记标签标明值判定的检验规则要求。

2　规范性引用文件

下列文件对于本文件的应用是必不可少的。凡是注日期的引用文件，仅注日期的版本适用于本文件。凡是不注日期的引用文件，其最新版本（包括所有的修改单）适用于本文件。

GB/T 6679　固体化工产品采样通则

GB/T 6680　液体化工产品采样通则

GB/T 8170　数值修约规则与极限数值的表示和判定

《产品质量仲裁检验和产品质量鉴定管理办法》

3　检验规则

3.1　产品应由企业质量监督部门进行检验，生产企业应保证所有的销售产品均符合执行标准的要求，产品应附有质量证明书。

3.2　固体或散装产品采样按 GB/T 6679 的规定执行。液体产品采样按 GB/T 6680 的规定执行。

3.3　将所采样品置于洁净、干燥的容器中，迅速混匀。取固体样品 600g 或液体样品 600mL，分装于两个洁净、干燥的容器中，密封并贴上标签，注明生产企业名称、产品名称、批号或生产日期、采样日期、采样人姓名。其中一瓶用于产品质量分析，另一瓶应保存至少两个月，以备复验。

3.4 固体样品经多次缩分后，取出约 100g，将其迅速研磨至全部通过 0.50mm 孔径筛（如样品潮湿，可通过 1.00mm 筛子），混合均匀，置于洁净、干燥的容器中，用于测定。

3.5 液体样品经多次摇动后，迅速取出约 100mL，置于洁净、干燥的容器中，用于测定。

3.6 产品按肥料登记检验方法进行检验。

3.7 产品质量合格判定，采用 GB/T 8170 中"修约值比较法"。

3.8 用户有权按本标准规定的检验规则和检验方法对所收到的产品进行核验。

3.9 当供需双方对产品质量发生异议需仲裁时，应按《产品质量仲裁检验和产品质量鉴定管理办法》的规定执行。

图书在版编目（CIP）数据

苹果优质高效施肥／李壮，杨晓竹，程存刚主编.
—北京：中国农业出版社，2018.7（2019.7重印）
ISBN 978 - 7 - 109 - 24082 - 7

Ⅰ.①苹… Ⅱ.①李… ②杨… ③程… Ⅲ.①苹果—
施肥 Ⅳ.①S661.106

中国版本图书馆 CIP 数据核字（2018）第 090352 号

中国农业出版社出版
（北京市朝阳区麦子店街 18 号楼）
（邮政编码 100125）
责任编辑　郭晨茜　浮双双

北京通州皇家印刷厂印刷　　新华书店北京发行所发行
2018 年 7 月第 1 版　　2019 年 7 月北京第 2 次印刷

开本：880mm×1230mm　1/32　印张：3.25　彩插：6
字数：83 千字
定价：12.00 元
（凡本版图书出现印刷、装订错误，请向出版社发行部调换）